JN441269

달력과 권력

지은이 이정모 연세대학교 생화학과를 졸업하고 같은 학교 대학원에서 석사 학위를 받았다. 독일 본대학교 화학과에서 '곤충과 식물의 커뮤니케이션' 에 관한 연구를 했으며, 안양대학교 교양학부 교수로 일했다. 지은 책은 『그리스 로마 신화 사이언스』, 『삼국지 사이언스』(공저), 『과학하고 앉아 있네 1, 2』(공저), 『해리포터 사이언스』(공저), 『유전자에 특허를 내겠다고?』 등이 있고 옮긴 책으로는 『눈이 뱅뱅 뇌가 빙빙』, 『제이크의 뼈 박물관』, 『인간 이력서』가 있다. 현재 서울 국립과천과학관 관장으로 재직하며 강연과 저술 활동을 하고 있다.

달력과 권력

2001년 1월 10일 초판 1쇄 발행
2024년 7월 1일 개정판 6쇄 발행

지은이 이정모
펴낸곳 부키(주)
펴낸이 박윤우
등록일 2012년 9월 27일 등록번호 제312-2012-000045호
주소 서울시 마포구 양화로 125 경남관광빌딩 7층
전화 02) 325-0846
팩스 02) 325-0841
홈페이지 www.bookie.co.kr
이메일 webmaster@bookie.co.kr
제작대행 올인피앤비 bobys1@nate.com
ISBN 978-89-6051-491-1 03900

책값은 뒤표지에 있습니다.
잘못된 책은 구입하신 서점에서 바꿔 드립니다.

달력과 권력

달력을 둘러싼 과학과 권력의 이중주

이정모 지음

부·키

머리말

1982년에 고등학교를 졸업한 필자는 부끄럽게도 아직도 대학에서 공부를 하고 있다. 남들처럼 민주화 운동을 하다가 때를 놓친 것도 아니고 군대를 꼬박 3년 채워서 다녀 온 것도 아니지만 어쨌든 아직도 공부를 마치지 못하였다. 한국에서는 인삼과 콜레스테롤과의 관계에 대한 연구를 하였고, 베르베르의 『개미』를 읽은 후 독일에 와서는 "곤충과 식물이 어떻게 대화를 나누는가"에 대해 연구하고 있지만 아직 한 단어도 해독하지 못하였다.

필자는 지금 공부하며 살고 있는 독일의 본(Bonn)이라는 작은 도시를 무척 사랑한다. 넓은 녹지 속에 살아가고 있는 30만 명이 채 안 되는 본 사람들은 대체로 친절하고 조용하며 날씨도 중부 유럽치고는 좋은 편이다. 남들은 사람의 홍수와 소음을 피해 휴가를 떠나지만 필자는 항상 휴가 중에 있는 것과 마찬가지이다.

필자가 매일 나가야만 하는 본 대학의 화학과 실험실은 집에서 자전거로 불과 5분 거리에 있지만 필자는 여기보다는 자전거로 10분은 가야 하는 대학본관의 작은 학생도서관을 더 좋아한다. 많아야 스무 명 남짓 앉아 있는 학생도서관에는 문학, 법학, 의학, 예술 등 모든 분야의 기본도서와 백과사전류를 갖추고 있을 뿐만 아니라 전 세계의 신문과 각종 잡지와 신간도서가 비치되어 있다. 한인 학생들이 구독료를 내는 것이 유감이기는 하지만 한겨레신문까지 있으니 필자가 찾지 않을 수 없는 곳이다.

1999년 1월의 어느 날 필자는 여느 때와 마찬가지로 해가 어스름할 무렵 이 학생도서관을 찾았다. 마침 평소에는 거의 손이 가지 않던 『게오(*GEO*)』(한국에서는 『지오』라고 한다지만)를 그날 따라 집게 되었다. 잡지를 뒤적이다가 특집으로 꾸며진 '새 천년 맞이 퀴즈'를 보게 되었다. 과학 잡지의 퀴즈라면 누구보다도 자신 있던 필자는 1번 문제를 풀기 시작했다. "지난 천년에는 모두 며칠이나 있겠는가?"— '이 문제는 윤년 규칙만 알면 되는 거 아냐? 뭐, 이런 시시한 문제가 있지?' 하지만 틀렸다. 필자가 생각한 답은 잡지가 제시한 답보다 열흘이나 많았다. 율리우스 달력과 그레고리우스 달력의 윤년 규칙을 이미 알고 있었는데도 열흘이나 틀린 것이다. 『게오』는 열흘을 빼야 하는 이유를 아주 간단히 설명하였지만 쉽게 납득이 가지 않았다. 이날부터 필자는 달력이라는 이름으로 나타난 제니에게 빠져 버렸다. 한번 호리

병에서 나온 제니는 다시 돌아갈 생각을 하지 않았다.

불행히도 내가 사랑하는 본이란 도시에는 너무나 많은 도서관이 있다. 본에 거주하는 사람이라면 누구나 이용할 수 있는 대학도서관이 자전거로 10분 거리에 있고 무료로 이용할 수 있는 시립도서관은 도처에 널려 있다. 달력에 관한 책을 한 권 읽고 미진한 부분을 해결하기 위하여 참고도서를 찾으면 어김없이 도서관에 있었다. 수메르와 로마의 달력에 관하여 1800년대에 출판된 책들이 글자체만 현대적으로 바뀌어 재출판된 것을 비롯하여 달력에 관한 수십 종의 책을 동네의 조그만 시립도서관이 갖추고 있는 것이다. 본에 없는 책은 사서에게 부탁을 하면 다른 도시에서라도 구해서 가져다 주었다. 생태생화학을 연구하는 필자가 전공과는 아무런 상관도 없는 '달력'에 관한 책을 낼 수 있었던 것은 순전히 독일의 우수한 도서관 때문이라고 말할 수 있다. 그래서 필자는 책이 나오기까지 가장 큰 도움을 준 본의 도서관에 먼저 감사의 말을 돌리지 않을 수 없다.

책이 도서관의 힘으로만 완성될 수는 없다. 여러 사람들의 도움이 없었다면 필자의 졸고는 결코 책으로 세상에 나올 수가 없었을 것이다. 원고를 차근차근 읽어 가면서 필자의 원고가 얼마나 재미없는가를 일깨워 준 본 한글학교의 국어 교사 정은영 씨는 수차례의 원고 교정을 마다하지 않았으며, 본에서 독문학과 철학을 공부하고 있는 박진곤 씨는 백과사전과 같은 지식을 바탕으로 원고의 오류를 지적하고 수정 방향을 제안하기도 하였다. 모슬렘 달력의 체계를 설명해 주고 꾸란에서 관련 귀절을 찾아준 이란 인 사미르 씨와 비록 책에는 실리지 못하였지만 너무나 복잡한 인도와 인도네시아 달력을 귀가 어두운 필자에게 열심히 설명해 준 자카르타 출신의 화학자 헤리 스위토 씨에게도 감사하지 않을 수 없다. 또 비전문가의 책을 내기로 결정한 부키의 용감무쌍함이 아니었다면 아마도 이 책은 세상에 나오지 못하였을 것이다. 비전문가가 쓴 글이니만큼 무수한 오류가 숨어 있을 것이다. 그러나 여기에 대한 책임은 오로지 필자에게 있다.

막상 탈고를 하고 보니 주변의 기대는 말할 것도 없고 필자의 맘에도 차지 않은 책을 세상에 내놓는 것이 부끄러울 뿐이다. 그저 아빠가 책 쓴다는 이유로 여름휴가를 떠나는 것도 참아 준 딸의 성원에 보답하고, 이제 제니를 호리병에 돌려보내 줄 수 있다는 생각에 위안을 삼는다.

2000년 12월 5일

라인 강가에서 이정모

차례

3 현대 달력의 기원 54

4 그레고리우스 달력 91

5 혁명과 달력 130

6 고대 문화권의 달력들 148

7 우리나라 달력 185

그림 차례

표 차례

일러두기

1 권으로 묶인 책과 신문, 잡지는 『 』으로, 한 편에 해당하는 기사와 기관은 「 」으로 구별하여 표시하였다.

2 인용된 대부분의 성경 구절은 『성경전서 개역개정판』(대한성서공회, 1998)을 따랐으며 이때 사용된 문장부호는 저자가 첨가한 것이다. 다만 『성경전서 개역개정판』의 구절로부터 의미가 충분히 전달되지 못하는 부분은 『성경전서 표준새번역』(대한성서공회, 1993)을 따르고 이때는 '표준새번역'임을 밝혀 놓았다. 성경은 책 표시를 따로 하지 않았다.

3 꾸란(코란)은 『*Der Koran*』(Wilhelm Goldman Verl., 1959)으로부터 저자가 번역한 것이다.

4 '참고문헌'은 책의 뒷부분에 한꺼번에 모아 놓았다. 인터넷에서 참고한 기사들은 1999년 6~8월에 검색한 것들로서 이후에 검색할 때는 나타나지 않을 수도 있다. 또한 인터넷 기사 중 많은 경우 저자를 확인할 수 없어서 밝히지 못하였다.

1582년 10월 로마에서는

16세기! 우리의 암울한 역사가 압축되어 있는 듯한 시대이다. 과학과 문화가 비약적으로 발전했던 찬란한 15세기는 가고, 과부의 재가 금지(1500년)와 한글 사용 금지(1504년)로 시작된 우리의 16세기는 수차례의 사화(갑자 1504년, 기묘 1519년, 을사 1545년)와 세 차례의 왜란(을묘 1555년, 임진 1592년, 정유 1597년)으로 점철되며, 민중들의 삶은 피폐해지고 과학은 쇠퇴하여 갔다. 그리고 거의 비슷한 시기에 지구 반대편 중앙 아메리카의 고원에서는 수백 년 동안 번영했던 아즈텍과 마야 문명이 불과 몇백 명의 스페인 군사들에 의해 멸망당하고 말았다.

한편 유럽은 종교재판과 화형으로 대변되는 시기를 맞고 있었다. 코페르니쿠스(Nicolaus Copernicus, 1473-1543)는 자신의 '지동설' 이론이 거룩하고 완벽한 하느님의 체계를 일거에 무너뜨릴 수 있다는 것을 알고 평생 침묵을 지킬 수밖에 없었다. 그는 사망하던 해인 1543년에야 『천체의 회전에 관하여(*De Revolutionibus orbium coelestium*)』라는 책을 통하여 지동설을 발표할 수 있었다. 그의 영향을 받은 이탈리아의 천문학자 조르다노 브루노(Giordano Bruno, 1548-1600)는 결국 화형을 당했으며(1600년), 코페르니쿠스의 이론을 더욱 정교히 다듬은 독일의 요하네스 케플러(Johannes Kepler, 1571-1630)도 환영받지 못하였다. 1583년 약관 18세의 나이로 이탈리아 피사의 사탑 예배당에서 천장에 매달린 램프가 흔들리는 것을 우연히 관찰하고 '진자의 등시성'을 발견한 갈릴레오 갈릴레이(Gallielo Gallei, 1564-1642) 역시 후에 『프톨레마이오스와 코페르니쿠스의 2대 우주 체계에 관한 대화(*Dialogo sopra I due massimi sistemi del mondo, tolemaico e copernicaon*)』라는 책을 펴내고서 종교재판에 회부되어 '그래도 지구는 돈다'라는 중얼거림과 함께 자신의 이론과 신념을 접고 말았다.

유럽의 16세기는 이렇듯 천동설을 절대의 진리로 여기는 교회에 관찰과 실험 및 수학의 결합을 통하여 진정한 과학을 발전시키려는 과학자들이 대항하던 시대였으며, 또한 종교개혁의 시대이자 식민지 개척의 시대이기도 하였다. 그래서 유럽사에서 16세기는 가장 많은 분량을 차지하고 있으며 자세히 기록되어 있는 시기이기도 하다. 그런데 이 16세기의 역사 기록에 빠져 있는 며칠이 있다. 바로 1582년 10월 5일부터 10월 14일까지의 기간이다. 당시 유럽의 중심 로마에서는 이 열흘 동안이 기록에서 완전히 빠져 있다.

1582년 10월						
일	월	화	수	목	금	토
	1	2	3	**4**	**15**	16
17	18	19	20	21	22	23
24	25	26	27	28	29	30

그림 1 1582년 10월 로마의 달력

이 책에서 밝히고자 하는 문제가 바로 이것이다. "1582년 10월 5일부터 10월 14일까지 로마에서는 도대체 무슨 일이 일어났는가?"

답은 간단하다. 아무 일도 일어나지 않았다. 전혀, 아무 일도. 이 열흘 동안 로마에서는 단 한 건의 종교재판도, 마녀 화형식도 없었다. 멀리 중국으로부터 물건을 싣고 들어오는 배도 보이지 않았으며, 매일 열리는 시장도 서지 않았다. 뾰족한 창을 들고 몰려다니면서 행패를 부리는 군인들도 보이지 않았고, 주정뱅이의 노랫소리도 들을 수 없었다. 교회 종소리도 울리지 않았으며, 학자들의 열띤 토론도 없었다. 사람들은 이때 아무것도 먹지 않았고 마시지도 않았으며, 심지어 숨도 쉬지 않았다. 로마에 대화재가 발생하거나 무서운 전염병이 돌아 한 명도 남김 없이 죽어 버린 것이 아니다. 그러면 어째서 역사책에는 이 열흘 간에 일어났던 일에 대하여 아무런 기록이 없는 것일까?

생일 잔치에 초대받지 못한 앙갚음으로 아름다운 숲속의 공주와 백성들을 잠재웠던 마녀가 이번에는 로마에 나타나서 또 저주를

펴부었을까? 그래서 로마 사람들은 긴 잠을 자야만 했을까? 아니다. 그럴 리는 없다. 답은 위의 달력이 말해 준다.

1582년 10월의 로마 달력에는 5일부터 14일까지가 빠져 있다. 하지만 이 달력은 잘못 인쇄된 것이 아니다. 또는 못된 폭군이 재미 삼아 백성들에게 어처구니없는 달력을 강요한 것도 아니다. 이 달력은 잘못된 것을 고치기 위한 달력으로, 제대로 된 달력이었다. 어쨌든 이 달력에 따라 사람들은 1582년 10월 4일 목요일 밤에 잠들어 다음 날인 금요일 10월 15일 아침에 깨어날 수밖에 없었다.

그런데 이런 일이 로마에서만 일어난 것은 아니다. 시차를 두기는 했지만, 유럽의 모든 나라에서 이런 일을 한번씩은 겪어야 하였다. 어떤 나라 사람들은 자그마치 13일이나 빼먹은 달력을 가져 보기도 하였다.

지금부터 우리는 1582년 10월 로마에서 일어난 이 영문 모를 사건을 추적할 것이다. 그 추적 경로는 무척 길다. 사건은 이미 수천 년 전에 발단하였으며, 그 현장도 아프리카에서 유럽으로, 그리고 아시아와 중앙 아메리카까지 넓기만 하다. 더욱이 우리는 사건의 단서를 잡기 위해 지구뿐만 아니라 해와 달, 그리고 몇 개의 별까지도 혐의를 두고 살펴보아야 한다. 하지만 그 길은 그리 험난하지도 않고 지루하지도 않다. 자, 그럼 즐거운 마음으로 각자 자기의 방부터 탐문 수사를 시작하도록 하자.

로빈슨 크루소 – 인생은 시간 속에

모든 존재의 기본 형태는 공간과 시간이다.

그리고 시간 밖의 존재라는 것은 공간 밖의 존재만큼이나 매우 불합리한 것이다.

— 프리드리히 엥겔스•

잠깐 눈을 들어 살펴보자. 지금 우리가 있는 방에는 달력이 최소한 한 개 이상은 있을 것이다. 그 달력은 벽에 걸려 있든지 또는 책상 위나 선반 위에 올려져 있을 것이다. 달력은 날짜를 알려 주는 숫자들이 아름다운 풍경이나 매력적인 여성을 담고 있는 그림 밑에 작게 표시되어 있는 것일 수도 있고, 또는 숫자만 커다랗게 찍혀 있어서 매일 한 장씩 뜯어내도록 되어 있는 것도 있을 것이다.

달력은 방에만 있는 것이 아니다. 수첩이나 지갑을 꺼내 보자. 수첩에는 각 날짜에 따른 정보뿐만 아니라 그때그때 자신이 해야 할 일을 적을 수 있는 칸도 함께 나와 있을 것이다. 또 한쪽 면에는 지하철 노선도가, 다른 한 면에는 1년치 달력이 모두 수록된 작은 카드도 지갑에 들어 있지 않은가? 이와 함께 개인용 컴퓨터에서는 달력과 연동된 일정 관리 프로그램이 중요한 소프트웨어로 활용되고 있기도 하다. 이렇듯 우리는 무수한 달력을 가지고 살아간다. 현대 사회에서 달력이 없는 삶은 아예 불가능한 실정이다.

• Marx, Karl & Engels, Friedrich, *Werke*, Dietz Verlag, Berlin (1968) Band 20, p. 48.

그림 2 로빈슨 크루소의 달력
(그림: Jean Grandville)

사람들은 대개 다음과 같은 문제들을 해결하기 위해서 달력을 구득한다. 금년에 휴일은 며칠이지? 연휴는 언제이고 내 생일은 무슨 요일이지? 제삿날은 언제지? 성묘는 언제 가는 것이 좋을까? 언제 씨를 뿌리고 언제쯤 추수를 하여야 할까? 방학은 언제 시작해서 언제 끝나나? 또 교회와 관련해서라면 부활절과 승천절 그리고 성령강림절이 금년에는 언제인가? 이렇게 우리가 매일매일 확인해야 하는 문제들의 답을 가르쳐 주는 것이 바로 달력이다.

영국의 대니얼 디포(Daniel Defoe, 1660-1731)는 소설『로빈슨 크루소(*Robinson Crusoe*)』에서 주인공이 무인도에서 자신의 달력을 만들어 내는 장면을 다음과 같이 묘사하였다.

> 내가 이 섬에 첫발을 디딘 날은, 내 계산으로는 9월 30일이었다. 열흘에서 열이틀쯤 지나자, 이러다가는 시간 계산을 잊어버리고 일하는 날과 안식일을 구별하지 못하게 될 거라는 생각이 들었다. 이런 일이 생기지 않도록 내가 도착했던 연안에 십자가 모양의 말뚝을 박고 칼로 다음과 같이 새겨 놓았다.

나는 이곳에

1659년 9월 30일

상륙하였다

그리고 이 사각 말뚝의 옆면에 매일 한 줄씩을 그었다. 7일째에는 평소보다 두 배 긴 줄을 그었으며, 매달 1일에는 더 긴 줄을 그었다. 나는 이런 식으로 달력을 만들어 주와 달 그리고 햇수를 계산하였다.

무인도에 혼자 남은 로빈슨 크루소에게도 달력이 필요했다. 물론 그도 처음부터 수십 년 동안을 혼자 살게 될 것으로 예상하지는 않았다. 하지만 당분간을 살더라도 그는 일하는 날과 안식일을 구별할 수 있어야 했고, 그러자면 달력을 만들어야 하였다. 그의 달력은 자그마치 28년 후, 정확히 말하면 혼자 된 지 28년 2개월 19일만인 1686년 12월 19일 구출될 때까지 단 이틀의 오차밖에 나지 않았다. 이렇듯 사람들은 시간이라는 배경을 떠나서는 자기 존재를 찾을 수가 없는 것이다.

근본적으로 다시 한 번 생각해 보자. 도대체 우리는 왜 달력이 필요한 것일까? 그것도 매년 새것으로. 우리의 스케줄이 해마다 일정하면 달력은 하나면 되지 않을까? 아니면 우리가 구구단을 외듯이 쉽게 머릿속에 담을 수 있도록 달력을 단순하게 만들면 되지 않을까? 생일이나 개학일 같은 특정한 날은 매년 요일이 다르지만, 요일이 다르다고 결코 다른 날은 아니다. 그렇다면 일주일은 7

일뿐이므로 일곱 가지 달력만 있으면 충분할 텐데, 왜 그렇지 못할까? 휴일의 수는 매년 다른데, 이런 차이가 생기는 것은 왜일까? 일주일은 7일밖에 없는데, 왜 부활절이 어느 해에는 3월에, 또 어느 해에는 4월에 있는가? 왜 새해는 꼭 1월 1일에 시작될까? 여름이나 가을에 새해가 시작되면 어떨까? 7월은 31일인데, 2월은 28일밖에 없는 까닭은 무엇일까?

이와 같은 문제들을 하나씩 풀어 보려는 것이 바로 이 책의 목적이다. 또 달력에서 나타나는 여러 가지 불규칙성을 왜 아무도 고치지 않았는가도 살펴보게 될 것이다.

이와 함께 이 책은 왜 달력의 모습이 지금과 같아야 하는가, 고대 문명권들은 어떠한 달력을 사용하고 있었는가, 그리고 현재의 달력보다 더 좋은 달력이 있을 수 있는가 하는 점에 대해서도 검토할 것이다.

하지만 이 책에서 가장 중요하게 다룰 소재는 역시 우리가 사용하고 있는 현대 달력이다. 오늘날 우리가 사용하는 현대 달력은 서양, 그것도 기독교 문화권에서 만들어진 역사적 산물이다. 왜 이 달력이 생길 수밖에 없었으며, 그 원리는 무엇이고, 다른 종류의 달력과 비교해 장점은 어떤 것이고 이 달력이 어떻게 전 세계에 퍼질 수가 있었는가 하는 문제를 살펴볼 것이다.

아울러 현대 달력이 갖고 있는 허점은 무엇이며, 그 허점 때문에 우리의 일상생활에서는 어떤 문제가 일어나고 있고, 이런 허점을 보완할 수 있는 가능성은 있는지, 그리고 새로운 밀레니엄을 살고 있는 이때 지난 밀레니엄은 도대체 며칠로 구성되었는가 하는 점도 따져볼 것이다. 그 과정에서 앞에서 제기한 문제들, 1582년 10월 로마에서 일어난 어처구니없는 사건이나 날짜와 요일에 관한 일상적인 의문들이 자연스럽게 해명될 것이다.

여기서 사용되는 달력이라는 개념은 두 가지 의미를 동시에 지닌다. 하나는 벽에 걸려 있거나 수첩에 들어 있으면서 정보를 제공하거나 장식품의 기능을 하는 도구이며, 다른 하나는 바로 하루·일주일·한 달, 그리고 한 해를 정하는 방법, 즉 책력(冊曆)을 의미한다.

자, 그럼 지금부터 달력의 역사를 찾아서 여행을 떠나 보자. 시 한 편을 읽으면서.

太陽曆에 관한 견해•

김광규

1년이 365일이라는 건
아무래도 너무 짧다
시작한 일을 계속하기엔
계속하던 일을 끝내기엔
아무래도 너무 짧다

• 김광규, 『아니다 그렇지 않다』 문학과 지성 시인선 29, 문학과 지성사(1983년), 96-97쪽.

내게 힘이 있다면
세월을 다스릴 힘이 있다면
오늘부터 당장 달력을 고쳐
3년에 한 번씩
새해가 오도록 하겠다

(새해를 맞이하여
한 사람은 위와 같이 생각했고
다른 사람들은 아래와 같이 생각했다.)

1년이 365일이라는 건
아무래도 너무 길다
시작한 일을 계속하기엔
계속하던 일을 끝내기엔
아무래도 너무 길다
우리에게 뜻이 있다면
지구를 돌릴 뜻이 있다면
오늘부터 당장 힘을 합하여
1년에 세 번씩 새해가 오도록 할 수 있다
1년에 세 번씩 새봄이 오도록 할 수 있다

달력의 구성 요소

요즘 사람들은 별의별 것을 다할 줄 안다. 수컷 없이 암컷만으로 새끼 양 돌리•를 만들기도 하고, 태초에는 있지도 않았던 새로운 원소들을 창조해 내기도 한다.••

하지만 시간과 관련해서 사람이 어찌할 바 없이 꽉 정해져 있는

• 1996년 영국 로슬린 연구소의 이안 윌멋(Ian Wilimut) 등은 6년생 핀 도레스트(Finn Dorest) 종의 유전세포에서 유전자를 체취하여 스코티시 블랙페이스(Scottish Blackface) 종의 자궁에 착상시켜 암양 돌리를 탄생시켰다(*Nature*, 385, 810-813, 1997). 이후 체세포 복제는 전 세계적으로 널리 실험되었으며 한국에서는 황우석 젖소가 이미 농가에 보급되고 있다.

•• 주기율표에서 104-109번의 원소들이 여기에 해당한다. 고등학교 시절의 화학 교과서에는 없으므로, 여기에 간단히 소개를 하면 다음과 같다. 104번 Rf(루더포디움Rutherfordium, 원자핵 발견자인 어니스트 루더포드Ernst Rutherford의 이름을 따라서), 105번 Ha(하니움Hahnium, 오토 한Otto Hahn의 이름을 따라서), 106번 Sg(세아보르기움Seaborgium), 107번 Ns(닐스보리움Nielsbohrium, 수소 원자 구조를 제안한 닐스 보어Niels Bohr의 이름을 따라서), 108번 Hs(하시움Hassium, 독일 헤센 주의 라틴 어 이름 하시아Hassia를 따라서), 109번 Mt(마이테리움Meiterium, 리제 마이트너Lise Meitner의 이름을 따라서).

것이 세 가지 있다. 원통하다고 생각하는 시인(詩人)이 있을지 모르지만, 이것마저 우리가 맘대로 한다면 정말 세상 살아가기 힘들어질 것이다.

우리가 잠자코 따를 수밖에 없는 세 가지는 이렇다.

하루를 결정해 주는 지구의 자전
한 달을 가르쳐 주는 달의 공전
한 해를 알려 주는 지구의 공전이다.

이들의 관계를 표로 나타내어 보면 다음과 같다.

기준	시간의 단위	달수	날수	시간	분	초
지구 자전	하루	-	1	= 24	= 1440	= 86,400
달 공전	한 달	1	29	+ 12	+ 44	+ 2.9
				한 달 = 29.530589 일		
해 공전	한 해	12	365	+ 5	+ 48	+ 45.97546
				한 해 = 365.24219879일		

표 1 시간의 기준

흔히 한 달은 30일, 1년은 365일이라고 하는데 표 1에서 보이는 소수점 다음의 많은 숫자들은 무엇을 의미하는가? 보통 전문 서적이나 백과사전에는 다음과 같이 설명되어 있다.

태양의 운행 주기는 지구 운행 주기로 나누어 떨어지지 않으며, 달의 운행 주기 또한 시간의 기본 단위인 하루의 정수 배로서 나타내지 못함으로써, 달의 공전에 따르는 한 달과 지구의 공전에 따른 1년의 길이는 정수로 나타나지 않으며….

몇 줄 읽다 보면 벌써 신경이 날카로워지기 시작한다. 잘 몰라서, 그래서 제대로 알기 위해서 찾아보는 것인데, 모를 말만 나열되어 있기 때문이다. 하지만 앞으로 살펴볼 그림들은 많은 것을 쉽게 설명해 줄 것이다.

1 달력의 최소 단위 – 하루

하나님이 빛을 낮이라 부르시고 어둠을 밤이라 부르시니라.

저녁이 되고 아침이 되니 이는 첫째 날이니라.

— 창세기 1장 5절

지구에 생명체가 생겨난 이후로 지금까지 하루도 빼놓지 않고 경험하고 있는 사건은 해가 뜨고 지는 것이다. 모든 생명체는 매일 해가 동쪽 하늘에서 떠올라 세상을 환하게 비추고 따뜻하게 하였다가 서쪽 하늘을 붉게 물들이며 사라져 가는 것을 본다. 이런 일출과 일몰은 물론 지구가 자전축을 중심으로 하루에 한 바퀴씩 돌기 때문에 일어난다. 지구가 자전함으로써 해뿐 아니라 달과 별도 떴다가 지게 된다. 지구의 자전은 인류 역사상 가장 오래된 크로노미터(측시기, 測時

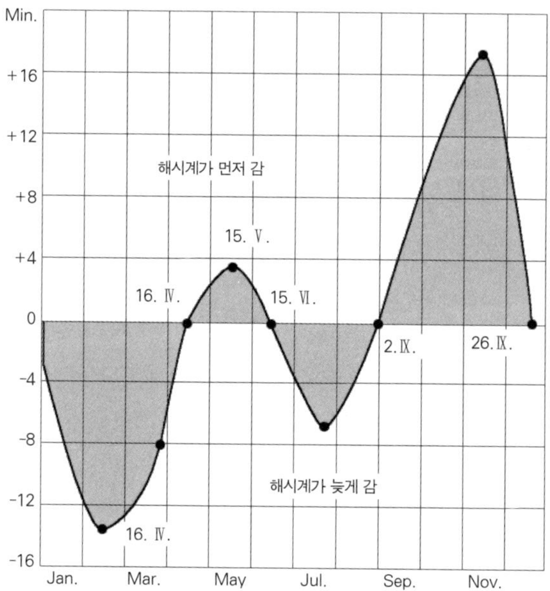

그림 3 실제적인 하루의 길이와 평균 태양일과의 비교 그림에서 +로 표시된 부분은 해시계가 평균시간보다 빨리 진행되는 부분을, -로 표시된 부분은 해시계가 더 늦은 부분을 가리킨다. 2월 중순에서 실제 하루가 평균 하루(24시간)보다 15분 정도 긴데 반해 11월 초순에는 16분 이상 짧다.

機)라고 할 수 있다. 천문학자 요하네스 케플러는 "하루란 지구의 한 호흡(呼吸)이다(Ein Tag ist ein Atemzug der Erdkugel!)."라고 말하였다.

그런데 지구의 자전이라는 가장 오래된 크로노미터는 매우 부정확한 계기이다. 다시 말하면 지구의 자전으로 생기는 하루의 길이가 매일 다르다는 것이다. 이것은 지구가 항상 같은 모양으로 자전축을 돌지 않기 때문에 생기는 결과이다. 그래서 사람들은 기준 시간을 얻기 위하여 보조 수단을 사용하였다. 사람들은 태양이 일정한 속도로 움직인다고 가정하여 '평균시간'이라는 것을 생각해 냈다. 이것을 바탕으로 시계가 나타내고 있는 시간을 계산할 수 있게 되었다.

그림 3은 우리가 갖고 있는 시계가 나타내는 하루와 실제 태양시간과의 차이를 보여 주는 것이다. 2월 15일경의 태양일은 실제로는 24시간 15분에 이르며, 11월 1일경의 태양일은 23시간 44분에 불과하다. 하지만 이런 태양일의 부정확성은 달력을 만드는 데는 아무런 영향도 미치지 않는다. 달력을 만드는 사람은 1년에 며칠이 있는가 하는 것만을 알면 되기 때문이다.

여기서 잠깐 살펴보고 넘어가야 할 문제가 있다. 지구가 축을 중심으로 자전한다는 것을 어떻게 알 수 있는가? 그것은 하늘에 고정되어 있는 별들이 움직이는 것을 보고서 알 수 있다. 따라서 별은 우리가 시간을 읽을 수 있게 하는 시계 글자판이다. 우리는 여러 가지 시계 글자판을 가질 수 있다. 첫째는 성일(星日)로서 별의 움직임에 따라 결정되는 것이고, 둘째는 태양에 의해 결정되는 태양일(太陽日), 그 외에도 달에 의해 결정되는 월일(月日), 수성을 기준으로 하는 수성일(水星日) 등 수없이 많을 수 있다.

하지만 우리의 일상생활에 영향을 미치는 것은 태양일이다. 왜냐하면 태양은 우리에게 '밝음'과 '어둠'이라는 매우 뚜렷한 경계를 일러주기 때문이다. 성일은 천문학자들이 사용하는 개념으로서 태양일보다 3분 56.6초가 짧으며, 나머지는 그야말로 이론상으로만 존재하는 것들이다.

이제 '하루' 또는 '날'을 다음과 같이 정의하자. '하루' 또는 '날'

이란 지구가 축을 중심으로 한 바퀴 도는 데 걸린 시간이다. 따라서 하루는 '일출과 일출 사이' 또는 '일몰과 일몰 사이' 또는 '두 번의 태양의 최고점 사이'에 놓여 있다. 이렇게 정의된 하루는 바로 위에서 살펴본 바와 같이 정확한 길이를 갖고 있지는 않다.

우리가 사용하는 '날'이라는 단어는 일상생활에서 두 가지 의미를 가진다. 첫째는 밝음의 의미이다. 우리는 흔히 "날이 밝았다"라고 말한다. 둘째는 낮과 밤을 합한 시간의 길이를 말한다.• 이 두 번째 의미의 '날'이 달력에서 사용되는 개념이다. 그런데 이 '날' 또는 '하루'는 나라와 문화마다 그 시작점이 달랐다.

일출 – 이집트와 초기 그리스••

일몰 – 바빌로니아와 태음력을 사용하는 중동의 민족들, 유대인•••

정오 – 초기 아랍 인들과 움브리아•••• 인, 프톨레마이오스

한밤중 – 우리나라•••••, 중국, 일본과 기원전 2세기경의 이집트

이 중 가장 편리한 것은 동아시아의 경우처럼 한밤중을 하루의

• 이희승 편 『민중 엣센스 국어사전』에는 '날–하루 동안. 곧 자정으로부터 다음 자정까지의 길이'라고 정의되어 있다.

•• 고대 그리스의 시인 호메로스(Homeros)는 아침놀에 따라 날을 세었다.

••• 오늘날에도 이들에게는 천문학적 일몰과는 상관없이 저녁 6시가 하루의 시작이다.

•••• 움브리아(Umbria)는 고대 이탈리아의 한 지방이다.

••••• 밤 11시부터 새벽 1시를 자시(子時)로 하여, 12지지(地支) 순서를 따라서 2시간 간격으로 축시(丑時), 인시(寅時), 묘시(卯時), 진시(辰時), 사시(巳時), 오시(午時), 미시(未時), 신시(申時), 유시(酉時), 술시(戌時), 해시(亥時)로 정하였다.

시작으로 정한 방식이었지만, 서양에서는 그리스 천문학자 히파르코스(Hipparchos, BC 160?-BC 125?)에 의해 기원전 2세기경 일출 방식이 로마에 도입되었다. 그리고 중부 유럽에서는 1600년 후 코페르니쿠스에 이르러서야 비로소 이 결정을 따르게 된다.

원래 인도게르만 족과 켈트 족은 하루의 개념이 우리와 달랐다. 우리가 날수를 낮의 수로 따지는 데 비해, 이들은 밤의 수로 따졌다. 왜냐하면 이들은 먼저 낮이 있고 그에 딸려 밤이 있는 것이 아니라, 밤이 먼저 있고 그에 딸린 낮을 합하여 하루라고 생각했기 때문이다. 이런 전통은 14일을 나타내는 영어 단어 '포트나이트(fortnight)', 게르만 족의 옛 겨울 축제였던 '바이나흐트(Weihnacht)'• 와 참회 화요일을 뜻하는 '파스텐아벤트(Fastenabend)'•• 등에 남아 있다. 또 부활절, 성령강림절, 세례 요한의 축일••• 등이 모두 전날

• '나흐트(Nacht)'는 독일어로 '밤'이라는 뜻. 게르만 족의 겨울 축제였던 '바이나흐트(Weihnacht)'는 기독교 문명의 전파 후 성탄절 축제로 변하였다. 초대 기독교 문명에서는 1월 6일, 3월 28일, 4월 20일, 5월 20일, 11월 18일 등 다양한 날에 예수 탄생을 기념하였다. 12월 25일을 예수의 탄생일로 삼은 것은 4세기 이후부터이다. 이때의 근거는 새해의 시작(당시는 3월 25일)에 임신이 되었고, 여기에 아홉 달을 더하면 12월 25일이라는 것이었다. 또 이날은 이미 자리를 잡고 있던 이교도 축제인 '동짓달 축제(dies solis invicti natalis)'와 날짜가 겹쳤으니 일석이조인 셈이었다. 왜 임신이 된 날이 정확히 3월 25일이라고 생각했는지는 잘 알려져 있지 않으나, 당시 사람들이 춘분에 대해 미신적으로 집착해 있던 때문이라고 보인다. 12월 25일이 예수의 생일이 아닐 것이라는 근거는 성경에도 있다. 누가복음 2장 8절에는 마리아가 예수를 낳기 위해 베들레헴에 갔을 때, "그 지역의 목자들이 들에서 밤을 새우면서 자기들의 양떼를 지키고 있었"다고 기록되어 있다(표준새번역). 하지만 팔레스타인 지역에서도 12월은 매우 추워 가축들은 우리에서 지내야 한다.

•• '아벤트(Abend)'는 독일어로 '저녁'이라는 뜻.

••• 세례 요한의 축일인 6월 24일 전야에 산불놀이를 행한다.

밤부터 시작된다. 부활절을 나타내는 체코 어는 '벨리코노체(velikonoce)'로서 '위대한 밤'이라는 뜻을 가진 말이다.

국제표준기구는 하루를 0시 0분에서 24시 0분까지의 24시간으로 정하고 있다. 우리는 앞에서 하루의 길이가 줄었다 늘었다 하는 것을 살펴보았다(그림 3 참조). 그런데 하루의 길이는 수백만 년 동안 조금씩 길어져 왔다. 지구의 자전 속도가 점차 느려지고 있는 것이다.

지구 자전 속도가 왜 느려지는지는 아직도 수수께끼이다. 다만 사람들은 몇 가지 이유를 짐작하고 있을 뿐이다. 첫째는 달의 공전이 원인이라는 것이다. 달의 이동에 따라 썰물과 밀물이 생기는데, 이때 바닷물과 해저 사이의 마찰 때문에 회전 에너지의 손실이 생겨 지구 자전에 제동이 걸린다는 것이다. 둘째는 지구의 부피가 (마치 옥수수 알이 팝콘이 되듯이) 예전보다 더 커졌기 때문에 회전 속도가 감소하였다는 것이다.

천문학자들의 계산에 따르면 약 4억 년 전에는 하루가 겨우 21시간뿐이었다. 만약 당시에 사람이 살았다면 그들은 매년 402번의 일출과 일몰을 볼 수 있었을 것이다. 이러한 사실은 화석으로도 증명이 가능하다. 바닷속에 사는 산호에는 나무처럼 나이테가 있는데, 이 나이테 사이에는 날테가 있다. 이 날테를 통해 한 해에 며칠이 있었는가를 알 수 있다. 실루리아 기에서 데본 기로 넘어가던 시기(약 4억 4천만 년 전에서 3억 5천만 년 전 사이)에는 약 410개의 날테가 있어서 계산값과 근접한 결과를 보여 주고 있다.

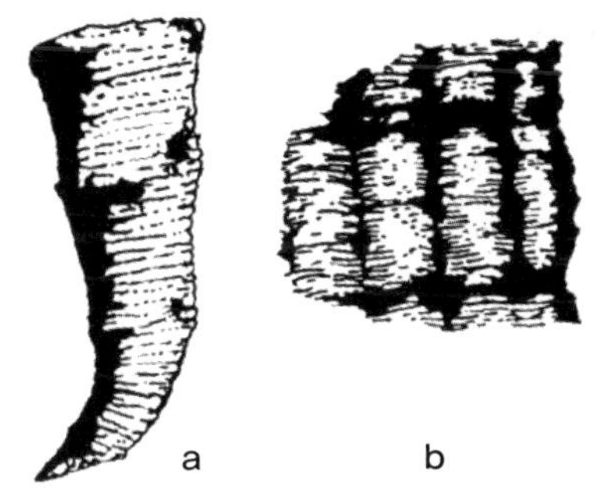

그림 4 산호 화석에 나타난 날테 그림 b는 그림 a의 부분 확대도. 이것으로부터 약 4억 년 전에는 1년에 410일 정도가 있었다는 것을 알 수 있다.

하루의 길이가 길어지는 추세는 관찰 또는 계산한 시대에 따라 다른데, 100년당 5밀리 초에서 1만 년당 86.4초 사이에 놓여 있다. 하지만 이런 숫자는 달력을 만들 때는 무시해도 좋을 만큼 작아서 별 문제가 되지 않는다.

사실 시, 분, 초의 개념은 자연이 우리에게 준 것이 아니다. 사람이 마음대로 하루를 24시간, 1440분, 그리고 86,400초로 쪼개 놓은 것일 뿐이다. 그런데 하루의 길이가 매일 다르기 때문에 사람들은 실제적인 하루의 길이와는 상관없는 길이를 1초로 정하였다. 세슘(Cs)이 방출하는 파장의 진동수를 따라서 1초를 정한 것이다. 현재의 기술로는 1조 분의 1초까지 측정할 수 있다. 그리고 하루가 실제로는 86,400초가 아님에도 하루를 86,400초로 나누었기 때문에 실제적인 지구의 하루와 맞추어 주기 위해 사람들은 대략 3년마다 2초의 윤초를 두고 있다. 윤초는 파리에 본부를 두고 있는 국제시간국(Bureau International de I'Heure, BIH)에서 결정한다.

다음은 이 윤초 실시를 알려 주는 신문 기사이다. 아마 대부분의 사람들이 눈여겨보지 않고 흘려 버리는 기사일 것이다. 그도 그럴 것이 윤초가 달력에 미치는 영향은 없기 때문이다.

천문대는 국제지구자전국(IERS)의 통보에 따라 우리나라 시간으로 내년 1월 1일 오전 9시•에 기존 시간에 1초를 더해 넣는 양의 윤초를 시작한다고 15일 밝혔다.

양의 윤초를 실시하는 방법은 99년 1월 1일 오전 8시 59분 59초와 9시 0분 0초 사이에 8시 59분 60초를 삽입하는 것으로 윤초를 실시하기 전의 9시 1초는 윤초 실시 후 9시 정각이 되는 것이다. 따라서 이날 오전 8시 59분과 9시 정각 사이의 1분은 61초가 되는 것이다.

윤초는 국제적으로 사용 중인 지구 자전에 기본을 둔 세계협정시(UTC)가 자전 속도에 따라 조금씩 느려지거나 빨라지면서 세슘-133 원자의 진동수를 기준으로 해 항상 일정한 세계시(UT1)와 차이가 발생하는 것을 없애 주는 것이다.

윤초는 세계시 1972년 1월 1일 0시가 세계협정시의 기준으로 정해진 뒤 지금까지 모두 21번 실시됐으며 이번 윤초는 지난 97년 7월 1일(한국 시간) 이후 1년 6개월만에 실시되는 것이다.

『중앙일보』 1998년 10월 15일

• 그리니치 평균시간(GMT)으로는 1999년 1월 1일 0시.

2 인위적인 단위 – 일주일

하나님이 그가 하시던 모든 일을 일곱째 날에 마치시니 일곱째 날에 안식하시니라.

— 창세기 2장 2절

지난 밀레니엄 동안 인류는 꾸준히 새로운 달력 체계를 모색하여 왔다. 좀더 정확한 달력을 만들고자 새로운 계산법을 고안하여 내놓았고, 그에 따라 새로운 시대가 열렸다가도 혼란이 일어나면 곧바로 원상회복 되기도 하였다.

그런데 새로운 달력 체계들과 그 시행에 따른 혼란 속에서도 변함없이 지속된 것이 있는데, 바로 주일이란 단위이다. 그렇다면 주일은 왜 달력 체계가 변화무쌍한 와중에서도 아무런 영향을 받지 않고 지속될 수 있었을까? 그것은 주일이 자연 현상과는 상관없이 사람들이 인위적으로 사용한 시간 개념이기 때문이다.

주일은 하루보다는 큰 시공간이다. 주일의 기원은 정확히 알려져 있지 않다. 하지만 우리는 달의 모양이 변화하는 것에서 주일이 기원한 것은 아닐까 쉽게 추정해 볼 수 있다. 그믐달(어둠) ⇒ 상현달(커지는 반달) ⇒ 보름달 ⇒ 하현달(작아지는 반달) ⇒ 그믐달(어둠), 이렇게 한 달을 약 4개의 주로 나누어 생각할 수 있었을 것이다.

그런데 주일은 7일 주일보다 5일 주일이 먼저 사용되었다. 5일은 한 손의 손가락을 사용하여 셀 수 있으므로 매우 편리했다. 기원전 3000년경 바빌로니아에서는 60진법이 사용되고 있었다. 바빌로니아 인들에게 3, 5, 6과 60은 신성한 숫자였다. 이들에게는 2달에 5일 주일이 12번 있었으며 1년은 모두 72주로서 360일이었다. 세대를 거듭하여 1년이 365일임을 알았을 때는 1년이 73주가 되기도 하였다. 이러한 5일 주일은 이집트 문명에서도 나타난다.

그러면 7일 주일은 언제 도입되었을까? 7일 주일은 칼데아 사람들이 가장 먼저 사용한 것으로 보인다. 바빌로니아 포로 생활을 마치고 귀환한 사람들이 기록한 창세기가 그 사실을 보여 준다.• 7일 주일은 기원전 1세기경에는 이미 로마 인들 사이에서는 일상적으로 사용되고 있었으며, 곧 그리스와 알렉산드리아에도 도입되었다. 중앙 유럽에 도입되는 데에는 시간이 걸려서 고트 족은 4세기경에, 게르만 족은 5세기경에나 사용하기 시작한다.

한편 5일 주일과 7일 주일 외에 한국·중국·일본 등 동아시아에서는 10일 주일(순, 旬, decade)이, 또 중앙 아메리카 원주민들 사이에서는 20일 주일과 30일 주일이 사용되기도 하였다(6장 '마야와 아즈텍 달력' 참조).

• 창세기에 나타난 창조 설화는 두 가지이다. 1장 1절부터 2장 3절까지가 하나의 이야기이고, 그 이후부터가 또 다른 창조 이야기이다. 첫 번째는 바빌론 포로기인 BC 550년경에 쓰였고, 두 번째 이야기는 첫 번째 이야기보다 앞선 BC 950년경 솔로몬 시대에 쓰였다. 첫 번째 이야기에서 혼돈으로부터 질서로의 과정은 바로 '물'이 정리되는 과정이었는 데 반해, 두 번째 이야기에서는 아직 물이 없는 것이 혼돈으로 표현된다. 즉 전혀 다른 두 가지 이야기가 있는 것이다. 바빌론에 포로로 잡혀 가 있던 히브리 인들은 유프라테스 강과 티그리스 강이 만나는 하구에서 살았다. 그 하구는 걸핏하면 범람하였고, 그래서 그들에게 물은 바로 혼돈으로 여겨졌다. 그리고 그들은 물로 인한 혼돈을 정리할 수 있는 분이 바로 창조주 하나님이라고 생각하였던 것이다. 물론 한참 전인 솔로몬 시대에 쓰인 두 번째 이야기에는 7일이라는 개념이 없다.

별	고대 별의 신			현대 요일 이름					
	바빌론	로마	게르만	한국어	이탈리아어	스페인어	프랑스어	영어	독일어
해	Shamash	Sol	Sun/Sonne	일요일	domenica	domingo	Dimanche	Sunday	Sonntag
달	Sin	Luna	Moon/Mond	월요일	lunedi	lunes	Lundi	Monday	Montag
화성	Nergel	Mars	Tiw/Ziu	화요일	martedi	martes	Mardi	Tuesday	Dienstag
수성	Nabu	Mercurius	Woden	수요일	mercoledi	miércoles	Mercredi	Wednesday	Mittwoch
목성	Marduk	Jupiter	Thor/Donar	목요일	giovedi	jueves	Jeudi	Thursday	Donnerstag
금성	Ishtar	Venus	Freya	금요일	venerdi	vienes	Vendredi	Friday	Freitag
토성	Minurta	Saturnus	Saturn	토요일	sabato	sábado	Samedi	Saturday	Samstag

표 2 각국의 요일 이름 비교

그렇다면 일요일, 월요일, 화요일 등과 같은 요일의 이름은 어디에서 왔을까? 요일 이름은 옛 사람들이 맨눈으로 관찰할 수 있던 별들의 이름에서 왔다(표 2).

왜 이렇게 요일의 순서가 정해졌는지는 알 수 없다. 하지만 별에서 따온 요일 이름은 기원전 1세기경에는 로마에서 이미 일반적이었다. 초대 교회에서는 별의 이름을 딴 요일 이름이 이교도적이라고 생각해서 이 방식에 반대하였으나, 이미 일반화되어 있는 현실을 바꾸기에는 역부족이었다.

그래도 교회의 이러한 시도는 문화권에 따라 약간의 성과를 보이기도 하였다. 즉 독일어에서 '토성(Saturn)의 날'과 '수성(Merkur)의 날'은 별의 이름이 빠지고 각각 '일요일 전날밤(존나벤트, Sonnabend)'과 '일주일의 가운데 날(미트보흐, Mittwoch)'로 바뀌어 불리게 되었다. 또 유대인들은 토성의 날을 '사바트(Sabbat, 아무 일도 하지 않고 쉬는 날)', 즉 '안식일'이라고 바꿔 부르게 되었다.

대부분은 별의 이름이 계속 남아서, 독일어에서 목요일과 금요일을 나타내는 '돈너슈탁(Donnerstag)'과 '프라이탁(Freitag)'은 목성과 금성을 나타내는 옛 게르만 어 '돈나르(Donnar)'와 '프라이아(Freia)'에서 왔으며, 프랑스 어나 이탈리아 어·스페인 어에서는 요일에 별 이름이 그대로 남아 있다.

흥미로운 점은 아시아의 많은 민족들도 별 이름으로 요일 이름을 붙였다는 것이다. 예컨대 힌두 어의 요일 이름은 다음과 같다.

라위와르(Rawiwar)-해의 날, 솜와르(Somwar)-달의 날, 망가와르(Mangalwar)-화성의 날, 부드와르(Budwar)-수성의 날, 브리하스파티와르(Brihaspatiwar)-목성의 날, 슈크라와르(Schukrawar)-금성의 날, 샤니와르(Schaniwar)-토성의 날

쉬는 날은 언제?

성서는 하나님이 6일 동안 천지를 지으시고 일곱째 날에는 쉬었으니, 인간들도 이날에는 쉬라고 가르치고 있다. 유대인들은 이 가르침을 율법으로 삼아 철저하게 지켰다. 그들에게 이날은 '사바트'로서, 우리의 금요일 저녁부터 토요일 저녁까지에 해당한다.

그런데 왜 우리는 토요일이 아니라 일요일에 쉬게 되었을까? 흔히 예수가 부활한 날이 일요일이므로 이날을 '주일(主日)'로 기념하게 된 것이라고 이야기하지만, 별로 설득력은 없어 보인다. 서기 2세기경 로마 황제 하드리아누스(Hadrianus, 재위 117-138)는 모든 기독

교인들이 사바트를 안식일로 삼는 것을 금지하였다. 이때부터 자연스럽게 휴일은 지금의 일요일로 하루 늦추어지게 되었다. 이어 콘스탄티누스 대제(Constantinus, 재위 306-337)가 기독교를 공인한 후부터는 매주 일요일이 국가가 정한 휴일이 되었다.

고대 러시아에서도 일곱째 날에는 일을 하지 않고 쉬는 전통이 있었는데, 이날을 그냥 '일곱째 날' 또는 '아무것도 하지 않는 날'이라고 불렀다. 한편 이슬람 교도들은 금요일을 휴일로 삼고 있는데, 그 이유는 마호메트(Mahomet, 570?-632)가 금요일에 태어났기 때문이라고 한다.

3 달의 모양을 따라서 – 한 달

때를 가늠하도록 달을 지으시고, 해에게는 그 지는 때를 알려 주셨습니다.

—시편 104편 19절(표준새번역)

태양은 우리에게 빛과 온기를 선사한다. 태양이 없으면 어떠한 생명체도 지구상에 존재할 수가 없다. 태양으로부터 나오는 빛과 온기는 우리에게 생명을 줄 뿐만 아니라 낮과 밤, 여름과 겨울을 구별할 수 있게 해 준다. 그런데 태양의 일출과 일몰은 우리에게 너무나 짧은 시간의 간격만을 가르쳐 주며, 반면에 1년의 길이는 너무 길어서 정확히 재기가 어렵다. 따라서 우리에게는 태양 이외의

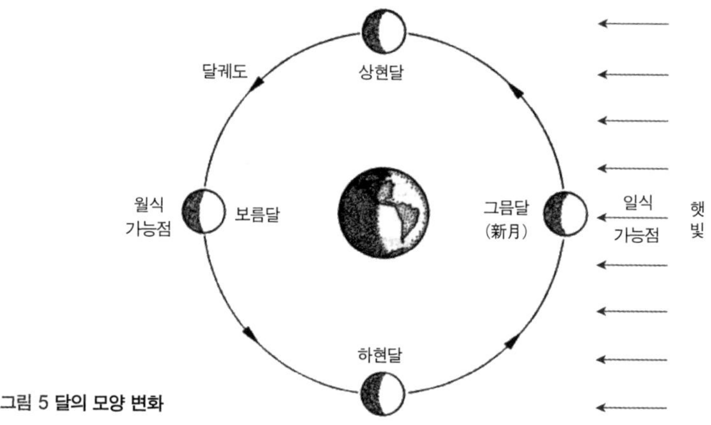

그림 5 달의 모양 변화

다른 측시기가 반드시 필요하다.

태양이란 측시기의 단점을 보완할 수 있도록 자연이 우리에게 선사한 두 번째 크로노미터는 바로 달이다. 달은 비교적 긴 시간 간격을 우리에게 쉽게 알려 준다. 지구 주위를 공전하고 있는 달이 태양과 어떤 위치에 있느냐에 따라 우리에게 비치는 달의 모양이 크게 달라지므로 우리가 때를 구분할 수 있는 것이다.

우리의 눈에 보이지 않는 새로운 달(그믐달)로부터 초승달을 거쳐 상현달⇒보름달⇒하현달⇒다시 그믐달로 변하는 전체 과정에 따라 정한 한 달을 우리는 삭망월(朔望月, synodical month)이라고 한다. 삭망월은 오늘날 우리가 사용하고 있는 양력에서는 아무런 기능을 하고 있지 않다. 단지 우리에게 하루보다는 긴 기간을 짐작할 수 있게 해 줄 뿐이다.

하지만 모든 고대 문화권에서는 달의 모양 변화에 따라 달력을

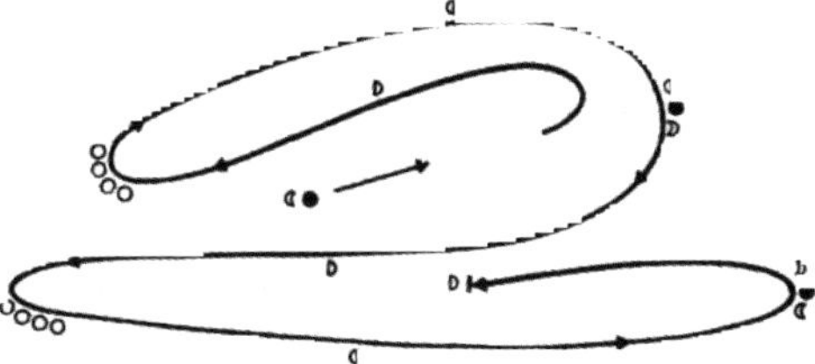

그림 6 석기 시대의 달력?
도르도뉴에서 발견된 뼈 조각
(위쪽)과 마샥의 해석(아래쪽)

만들어 사용하였다. 왜 그랬을까? 그 이유는 어렵지 않게 짐작된다. 달은 태양과는 달리 눈에 쉽게 보이고 그 변화도 명확하기 때문일 것이다. 또한 저위도 지방에 살고 있던 민족들에게는 태양에 의한 계절 변화가 그리 뚜렷하지 않았기 때문이기도 할 것이다.

실제로 인류는 문명 시대에 이르기 훨씬 이전 석기 시대부터 태음력을 만들어 사용하였다는 사실이 확인되고 있다. 2만 5천 년 전• 에 인류가 동물의 뼈에 달의 모양과 위치의 변화를 기록한 유물이 남아 있다. 미국의 고고학자 알렉산더 마샥(Alexander Marshack)은 프랑스 도르도뉴 지방에서 출토된 동물 뼈 조각(그림 6)을 현미경으로 관찰한 후 새로운 이론을 제시하였다. 뼈에 나타난 문양은 단순한 장식이 아니라 달의 변화를 기록한 것으로서, 달력의 역할을 하

• 크로마뇽 인들이 살던 때라고 생각하면 된다. 본문에서 소개되는 뼈는 중석기 시대의 유물로서 크로마뇽 인이 사용하던 것은 아니다.

였을 것이라고 주장하였다.

그림에서 위쪽 동물 뼈에는 모두 69개의 점들이 모양과 깊이가 각기 다른 형태로 새겨져 있다. 마샥은 이 점들에 대해 그림 아래쪽과 같이 해석하여, 두 달 동안의 달의 운행을 기록한 것이라고 주장한다. 즉 기록은 그림 가운데의 그믐달로부터 시작되고, 꺾이는 위치에는 보름달 또는 초승달이나 그믐달이, 또 직선 부분의 중간에는 상현달과 하현달이 위치하고 있다는 것이다.

바빌로니아에서는 농사에 편리한 태양력이 있었음에도 통치와 종교상의 이유로 태음력을 선호하였다. 농사를 주관하는 신 바알(Baal)의 상징이 달이었기 때문이기도 하지만 아마도 더 큰 이유는 태음력을 따를 경우 왕은 세금을, 제사장들은 제물을 더 많이 거둬들일 수 있었기 때문일 것이다. 1년 주기가 태음력은 354일로 365일의 태양력보다 11일이 짧으므로, 약 2.75년이 지나면 한 달치 세금을 더 거둬들일 수 있었던 것이다. 어쩌다 시행된 윤달의 도입은 성은(聖恩)으로 여겨졌으며, 대개는 세금과 제물 확보의 이유로 윤달이 도입되지 않았다. 그래서 기원전 3세기경에는 새해가 시작되는 달로서 춘분을 끼고 있어야 할 니사누(Nisanu)가 가을로 옮겨져 있기도 하였다(6장 '바빌로니아 달력' 참조).

그런데 태음력에서 어려운 요소는 한 달에 3일 정도는 달이 눈에 보이지 않는다는 점이었다. 신월(新月)은 지구와 태양 가운데 위치해 있어서 볼 수가 없고, 하루나 이틀 지나서 초승달을 볼 수 있을 뿐이다. 그래서 눈에 보이는 달을 기준으로 삼은 유대 달력과 모슬렘 달력에서는 신월에서 보름달까지가 겨우 13일밖에 되지 않는다 (6장 '유대 달력', '모슬렘 달력' 참조).

4 태양을 한 바퀴 돌면 – 한 해

므두셀라는 187세에 라멕을 낳았고 라멕을 낳은 후
780년을 지내며 자녀를 낳았으며 그는 969세를 살고 죽었더라.
— 창세기 7장 25~27절

백과사전에는 이렇게 나와 있다. "천문학적으로 정의된 시간 단위를 사용하여 1년을 여러 조각으로 나눔으로써 달력이 생성된다." 그렇다면 1년에는 몇 조각이 필요한가? 그리고 도대체 1년은 얼마나 긴가? 다시 말해서 1년을 위해서는 달의 공전이 몇 번, 즉 몇 개월이 필요하고 또 지구의 자전은 몇 번, 즉 며칠이 있어야 하는가? 이런 문제들을 우리가 이미 알고 있는 12개월과 365일이라는 지식을 잠시 덮어두고 생각해 보자.

언제 봄이 오는가 하는 문제는 인류에게 대단히 중요한 현안이었다. 특히 4계절이 뚜렷한 곳에서 살던 사람들은 언제 농사를 지어야 하고 언제 물난리를 피해야 하며 또 언제부터 겨울 준비를 해야 할지 알고 싶었다. 그러므로 왜 태양력보다 태음력이 더 많은 문명권에서 사용되었는가를 알 수 있게 된다.

그런데 인류 문명과 달력은 기후적으로 유리한 지역, 즉 추운 겨울이 없는 지역에서 기원하였다. 이러한 지역에서 살던 사람들은 달이 몇 번이나 바뀌어야 한 해가 되는지 알지 못하였다. 그래서 개월 수로부터 '해'의 수를 셀 수밖에 없지 않았을까? 이런 추측을 바탕으로 다음과 같은 해석을 해 볼 수도 있다.

성서의 기록으로부터 추리를 시작해 보자. "우리의 연수가 칠십이요, 강건하면 팔십이라도, 그 연수의 자랑은 수고와 슬픔뿐이요, 빠르게 지나가니, 마치 날아가는 것 같습니다"(시편 90장 10절, 표준새번역). 이에 따라 성서에 기록된 인물들의 실제 나이는 약 75세라고 가정하고 시작하는 것이다.•

1달 = 1년

선사 시대에 나이는 '달'의 수와 같았다. 즉 처음에는 1달 = 1살인 셈이었다. 창세기 5장에 나타난 인류의 계보는 다음과 같다.

아담(930세) ⇒ 셋(920세) ⇒ 에노스(905세) ⇒ 게난(910세) ⇒ 마할랄

• 성서에 기록된 비상식적으로 긴 수명에 대한 기독교의 정통 교리는 "인간의 수명은 원래 그렇게 길었으나 죄의 대가로 하나님이 홍수를 통하여 인간을 벌하였고 그 이후 수명이 급격히 감소하였다."라는 것이다. 또 많은 창조과학자들은 여기에 대한 나름대로의 해석을 제시하고 있다. 하늘의 물이 모두 비로 내려서 하늘에 있는 수막(水幕)이 엷어지고 또 오존층이 파괴됨으로써 급격한 기후 변동이 유발되어, 생명체의 수명이 짧아질 수밖에 없었다는 것이다. 그 증거로서 현재의 환경에서는 도저히 살 수 없어 보이는 스티그마(Stigma), 그로스페트리스(Glosspetris), 레피도프텐(Lepidophten)과 같은 식물 화석을 들기도 하고, 또 순식간에 이루어진 공룡의 멸종을 예로 들기도 한다. 성서 시대 인물의 실제 나이를 중심으로 본문에 소개하는 계산법은 단지 필자의 사고유희(思考遊戲)일 뿐이다.

렐(910세) ⇒ 야렛(962세) ⇒ 에녹(365세) ⇒ 므두셀라(969세) ⇒ 라멕(777세) ⇒ 노아(950세)

이 중 가장 오래 산 사람은 노아의 할아버지인 므두셀라로서 969세이다. 이제 그의 나이를 다시 계산해 보자. 요즘 계산으로 1달은 29.53일이며 1년은 365.24일이다. 따라서 969살 × 29.53일 = 28,614.57일. 28,614.57일 ÷ 365.24일 = 78.39년. 그러면 므두셀라는 약 79년을 산 것으로 보아야 한다.

인류가 12달이 1년인 것을 알고 사용하기까지는 매우 오랜 시간이 걸렸다. 여기에는 종족 의식과 함께 숫자에 대한 부족한 지식이 중요한 이유로 작용하였다.

5달 = 1년

1달 = 1년 다음으로 생각할 수 있는 것이 바로 5달 = 1년이라는 생각이다. 물론 이 생각은 한 손의 손가락 수가 5개이고 사람들이 처음에는 손가락을 가지고 계산했을 것이라는 점에 근거한다. 창세기에서는 노아의 후손들로부터 야곱에 이르는 시기에 이 계산법이 사용되었다고 추정한다. 아브라함은 175세에 세상을 떠났다(창세기 25장 7절). 아브라함의 나이를 이 방법으로 다시 계산해 보면 175 × 5 ÷ 12 = 72.91로서 약 73세에 해당하며, 그의 아들 이삭(180세)의 실제 나이는 약 75세에 해당한다고 볼 수 있다.

6달 = 1년

다음 단계로 우리가 생각할 수 있는 것은 6달 = 1년이라는 체계이다. 창세기는 25장부터 끝장인 50장까지 야곱과 요셉을 비롯한 그 아들들의 이야기를 장황하게 기록하고 있다. 우리는 그즈음에 사람들이 춘분과 추분, 그리고 하지와 동지를 인식함으로써 6달이라는 새로운 리듬을 도입하였다고 생각해 볼 수 있다. 이렇게 가정하면 창세기에 기록된 야곱의 나이 147세(창세기 47장 28절)와 그 아들 요셉의 나이 110세(창세기 50장 26절)는 각각 약 74세와 55세라고 계산할 수 있다.

10달 = 1년

10달을 1년이라고 셈하는 것은 양손을 사용한 10진법이 널리 퍼진 다음이라고 볼 수 있다. 이러한 계산법은 뒤에서 살펴볼 로마의 달력에서도 나타난다.

12달 = 1년

이집트 문명은 12달 = 1년의 역법을 갖고 있었다. 히브리 인들의 이집트 탈출을 인도한 모세는 자신이 이집트에서 태어났던 만큼 이 방식을 잘 알고 있었다. 이때부터, 즉 출애굽기부터 성서에 기록된 나이는 오늘날 우리가 세는 나이와 같아진다. 모세는 120살을 살았다(신명기 34장 7절).

1년	개월 / 년	일 / 월	일 / 년	사용 시기
1달-1년	1	29.53	29.53	므두셀라
5달-1년	5	29.53	147.65	노아-야곱 이전
6달-1년	6	29.53	177.18	야곱부터
10달-1년	10	29.53	293.50	고대 로마
12달-1년	12	29.53	354.36	태음력
13달-1년	13	28.00	364.00	고정 달력 동맹
회귀년(回歸年)	12	30.44	365.24	현재

표 3 한 해의 길이(므두셀라～야곱 시기는 단순한 추정일 뿐임)

5 1년 길이는 어떻게 잴까?

그러면 옛날 사람들은 1년의 길이를 어떻게 재었을까? 이를 위해 고대인들이 사용한 여러 가지 방법들 중 가장 쉽고 정확한 방법은 막대기를 이용해 해의 그림자를 측정하는 것이었다(그림 7 참조). 수메르와 바빌로니아에서 기원한 이 방법은 기원전 8세기경에 이르러 이집트의 제관들이 사용하기 시작하였고, 로마 황제 아우구스투스(Augustus, 재위 BC 27-AD 14)는 그 장치를 로마에 설치하여 시계로 삼기도 하였다.

노몬

먼저 평평한 땅에 노몬(gnomon)이라고 부르는 막대기를 꽂고, 노몬을 중심으로 하는 적당한 크기의 원을 그린다. 그리고 오전(B)과 오후(A)에 각각 가장 긴 그림자가 원과 만나는 점을 표시한다. 그

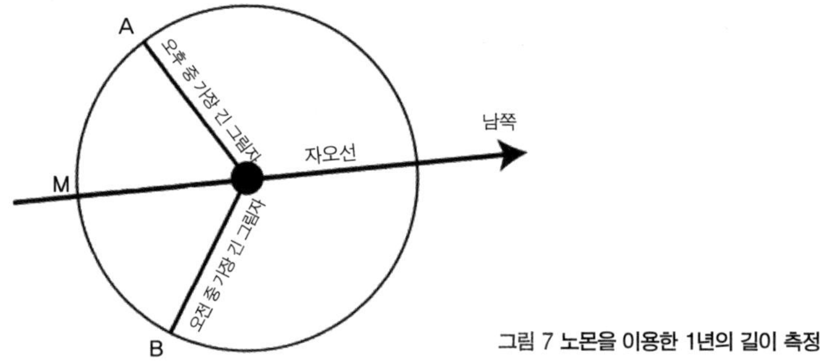

그림 7 노몬을 이용한 1년의 길이 측정

러면 직선 AB는 동서 방향을 나타내게 되는데, A쪽이 동쪽이고 B쪽이 서쪽이다. 다시 이 선분 AB의 수직 이등분선을 그으면 남북 방향의 선이 그려지게 되는데, 이 선을 자오선(子午線)이라고 한다. 고대 이집트 인들은 이 방법을 이용하여 피라미드의 네 모퉁이를 정확히 동서남북 방향과 일치시킬 수 있었다.

자오선이 그어지면 이제 자오선에 오는 해의 그림자만 재면 된다. 그림자가 자오선에서 다시 자오선으로 올 때까지의 시간이 하루이다. 이 그림자는 동지 때 가장 길고 하지 때 가장 짧으며, 춘분과 추분 때는 그 길이가 같다. 따라서 자오선에 걸친 해의 그림자가 가장 짧은 두 시점 사이의 기간이 1년이 된다.

그런데 이론상으로는 간단하지만 실제로 이 방법을 써서 1년의 길이를 재는 일이 그리 쉽지가 않았다. 우선 날씨가 문제였다. 4절기(춘분, 하지, 추분, 동지) 때 날씨가 좋지 않은 경우가 있으므로 여러 해 반복해서 재어야만 하였다. 또 지면이 조금만 기울어져 있어도 커다란 차이가 발생하게 되었다. 다만 이 문제는 측정면에 물을 채

워서 어렵지 않게 극복할 수 있었다. 다음 문제로는 해의 그림자가 칼로 자른 듯 선명하지 않고 끝이 뿌옇게 번져 있다는 것이다. 왜냐하면 해가 하나의 점이 아니라 크기가 있는 천체이다 보니, 태양의 위와 가운데 그리고 아랫부분이 비추어 생기는 그림자가 서로 겹치게 되기 때문이다. 이 문제를 해결하기 위해서 먼저 노몬의 크기를 늘렸다. 그러면 오차 비율이 현격히 줄어들게 된다. 또 햇빛을 작은 구멍을 통하여 노몬에 비추게 하는 방법을 사용하기도 하였다.

보르네오 섬에서는 20세기에도 이 방법을 사용하였다. 무당은 마을과 마을을 돌아다니면서 봄이 되는 시점과 씨를 뿌릴 시점을 알려 준다. 무당은 약 2.5미터쯤 되는 막대기를 가지고 다니며 각 마을의 특정 지점에 꽂아, 해의 길이가 어느 곳에 이르면 볍씨를 뿌리고 또 어느 곳에 이르면 옥수수 씨를 뿌려야 할지를 색깔로 표시해 주는 것이다. 그는 그 공로로 추수 때 1/10의 경작물을 가져갈 수 있었다.

스톤헨지와 오벨리스크

지금의 영국 땅에 살던 브리튼 사람들은 해가 가장 높이 솟는 하지점과 가장 낮게 뜨는 동지점을 알기 위하여 커다란 돌을 쌓았다. 그 중 가장 유명한 것이 스톤헨지(Stonehenge)이다. 스톤헨지는 1년 중 해가 가장 긴 날에만 햇볕이 특정한 점을 지날 수 있게 되어 있

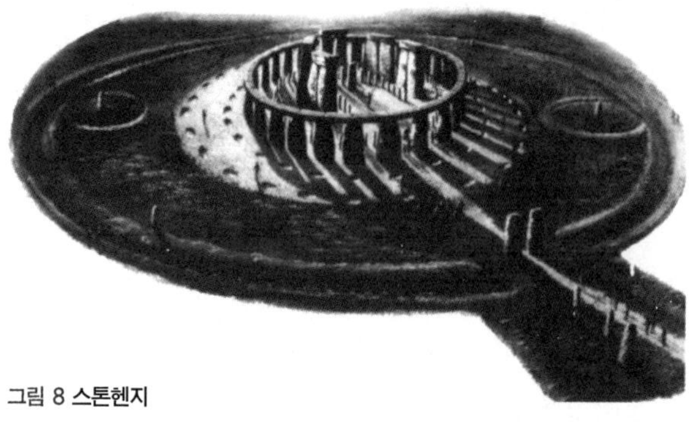
그림 8 스톤헨지

다. 스톤헨지가 건설된 때는 기원전 2000년경으로 추정되는데, 그 외 여러 곳에서도 이와 같은 장치가 발굴되었다. 이러한 사실로부터 1년의 길이를 재는 것이 고대인들에게 얼마나 중요한 일이었던가를 짐작할 수 있다.

스톤헨지에 못지않게 인상적인 측정 장치로 오벨리스크(Obelisk)를 들 수 있다. 오벨리스크는 원래 고대 이집트에서 태양 숭배의 상징으로 세우던 기념비였는데, 로마 황제 아우구스투스는 이집트에서 오벨리스크를 가져다 로마 광장에 세워놓고 해시계로 사용하였다. 말하자면 하나의 장대한 노몬으로 쓰인 것이다. 후에 이 오벨리스크는 지진 때문인지 아니면 고트 족 때문인지는 불분명하지만 부서지고 말았는데, 교황 피우스(Pius) 5세와 6세에 의해 다시 복구되었다. 현재 로마의 몬테시토리오 광장에 세워져 있으며 교황의 문장(紋章) 구실을 하고 있다.

기준	년	일	시간	분	초	날수
태양 공전	적도년	365	5	48	45.97546	365.24219879
1년	그레고리우스	365	5	49	12	365.24250000
달의 공전	-	29	12	44	9	29.53058912
1년	태음년	354	8	48	35	354.36706940

표 4 천문학적 1년과 달력에 사용되고 있는 1년의 길이 비교

1년의 길이

한편 고대 이집트 사람들은 1년이 365.25일보다는 약간 짧다는 사실을 이미 알고 있었다. 그들이 다른 문명권의 사람들보다 비교적 일찍 1년의 길이를 좀더 정확하게 알 수 있었던 것은 피라미드가 거대한 노몬의 역할을 하고 또 오랜 기간에 걸쳐 측정이 이루어졌기 때문이라고 할 것이다.

그리스의 철학자 아낙시만드로스(Anaximandros, BC 610-546)는 1년의 길이와 춘분점을 거의 정확히 알고 있었다. 그로부터 3세대 후인 기원전 430년경 그리스의 천문학자 메톤(Meton, BC 460?-?)은 우리가 알고 있는 것과 약 2시간의 오차로 1년의 길이를 계산해 내었다. 그리고 히파르코스는 1년의 길이를 365일 5시간 55분 46초로 계산했는데, 이는 실제 회귀년과 불과 6분 26초의 오차밖에 없는 수치이다.

현대 달력의 기원

현대 달력이란 우리가 오늘날 쓰고 있는 달력이다. 우리가 당연한 것으로 인식하고 또 신뢰하며 사용하고 있는 현대의 달력도 이 세상의 모든 것이 그렇듯이 조상은 역시 어수룩하기 짝이 없다. 다른 제도나 기구와 마찬가지로 달력도 전쟁과 무역을 통한 문화권 사이의 교류, 민중의 일상적인 요구, 그리고 정치권력자들의 야심에 의한 무수한 개혁의 산물이다.

현대 달력의 이력을 한 발자국씩 되짚어 가다 보면 그 근원에 다다르게 되는데, 고대 이집트가 바로 그곳이다.

1 고대 이집트 달력

고대 이집트의 달력이야말로 순수한 의미에서 태양력의 원조라고 할 수 있다. 달의 움직임과 무관하고 윤년도 없는 달력인 것이다. 추정에 의하면 이집트 인들은 기원전 6000년경부터 태양력을 사용하였다. 물론 정확히 어느 시점부터 사용하였는가는 확정하기 어렵다.

나일 강의 범람과 3계절

고대 이집트 달력에서 '년'은 변화년(變化年, annus vagus)이었다. 1년의 길이가 매년 15일 정도가 오락가락했던 것이다. 이렇게 불완전한 달력이기는 했지만 그래도 태음력으로부터 한 걸음 전진한 것이었다. 순수한 태양력이 이집트에서 만들어진 데에는 전적으로 나일 강이라는 특수한 상황이 작용하였다.

나일 강은 1년마다 정기적으로 범람하여 농부들에게 농사 시기를 알려 주었다. 에티오피아 고산 지대의 눈이 녹아 흐르고 동시에 몬순 장마가 지면 나일 강의 수위가 급격히 올라갔다. 이때는 바로 여름이 시작된 직후이다. 홍수는 비옥한 진흙을 상류로부터 옮겨와 나일 강 유역에 쌓아 놓았다.

오랜 세대에 걸친 경험을 통해 고대 이집트 인들은 홍수로부터 다음 홍수까지 평균 365일이 걸린다는 것을 알게 되었다. 다만 실제로 1년은 이보다 약 4분의 1일 정도 더 길다는 사실은 아직 모르고 있었다. 이 작은 오차와 상관없이 홍수는 365일 만에 오는 것을 관찰할 수 있었기 때문이다. 40년을 살다 보면 이 오차가 자그마치 10일에 이르게 되지만, 농사를 짓는 데는 그리 큰 영향을 끼치지 못하였다. 또 나일 강이 꼭 365일 만에 범람하는 것도 아니었다.

그런데 고대 이집트 인들로서는 365일을 같은 조각으로 나누는 것이 쉽지 않았다. 그래서 그들은 자투리를 떼어 내고 1년을 그냥 360일로 정하였다. 1년을 360일로 정한 것에서 착안하여 그들은 원을 360°로 나누었는데, 이 개념은 오늘날까지도 그대로 사용되고 있다.

그들은 '년'을 나눌 때 매우 실용적인 방식을 취하였다. 일단 그들은 1년을 3계절로 보았다. 우리들과는 달리 1년을 4계절이 아닌 3계절로 구분한 데에는 그들이 처한 위도에 따른 기후 변화와 그에 따라 농업에 필요한 현실적인 이유가 있었다. 이집트 인들의 계절은 다음과 같았다.

첫 번째 계절 = 범람(氾濫, Echet): 7월~10월
두 번째 계절 = 파종(播種 또는 싹이 틈, Prôjet): 11월~3월
세 번째 계절 = 추수(秋收 또는 가뭄, Somm): 3월~6월

이 세 계절을 각각 4조각으로 나누니, 오늘날 우리가 보통 한 달이라고 하는 30일이 들어 있는 12개의 조각이 생겨났다. 하지만

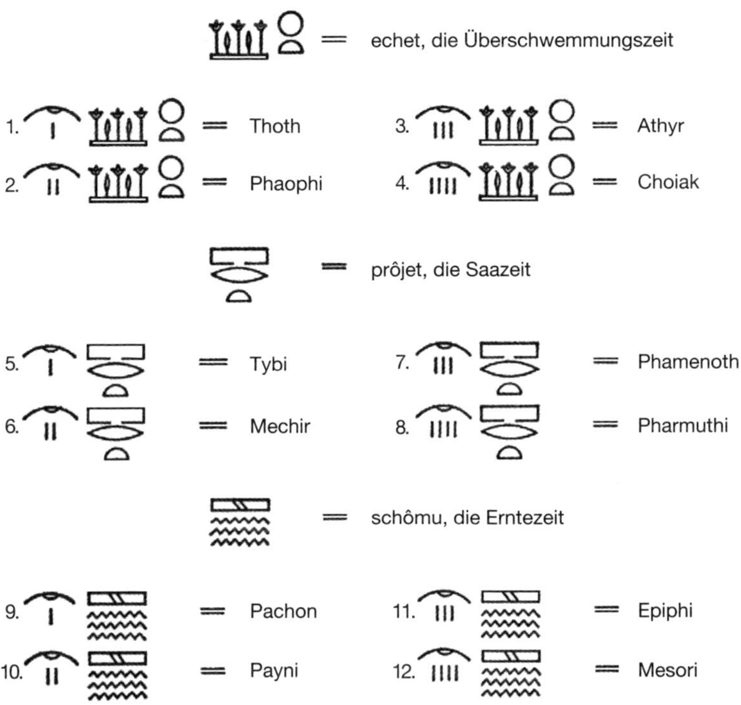

그림 9 이집트의 계절과 달을 나타내는 상형문자

이집트 인들에게 1월, 2월, 3월…과 같은 달은 아무런 의미가 없었다. 오로지 계절이 중요하였다. 다른 한편으로 30일을 세 조각으로 나누었는데, 그러면 양손가락으로 셀 수 있는 열흘(decade)이 얻어졌다. 그들은 오늘날 우리가 7일을 일주일로 삼듯이 열흘을 한 주기로 삼아 날을 세었다. 다음의 표(표 5)는 고대 이집트의 달력을 한눈에 알아보게 구성한 것이고, 그림(그림 9)은 고대 이집트 상형문자로 표현된 계절과 달을 모아 놓은 것이다.

계절		월	1	2	3	4	5	6	7	8	9	10	11	12	13	14	15	16	17	18	19	20	21	22	23	24	25	26	27	28	29	30		
Echet 범람	1	Thoth																															30	120
	2	Phaophi																															30	
	3	Athyr																															30	
	4	Choiak																															30	
Prôjet 파종	5	Tybi																															30	120
	6	Mechir																															30	
	7	Phamenoth																															30	
	8	Pharmuthi																															30	
Schômu 추수	9	Pachon																															30	120
	10	Payni																															30	
	11	Epiphi																															30	
	12	Messori																															30	
	13	Epagomene	Osiris	Horus	Seth	Isis	Nephthis																										5	
			첫 번째 열흘(decade)										두 번째 열흘(decade)										세 번째 열흘(decade)											

표 5 고대 이집트 변화년의 구조

그러면 1년을 360일로 정한 다음에 나머지 5일은 어떻게 하였는가. 여기서 이집트 인들은 1년의 마지막에 5일 만으로 된 열세 번째 달 에파고메네(Epagomene)를 두어, 축제와 제사의 기간으로 보냈다. 그리고 에파고메네의 첫날은 오시리스(Osiris), 둘째 날은 호루스(Horus), 셋째 날은 세트(Seth), 넷째 날은 이시스(Isis), 그리고 다섯째 날은 네프티스(Nephtis)라 하였다(표 5 참조).

오시리스와 이시스

나폴레옹(Napoléon Bonaparte, 1769-1821)의 프랑스 군대는 이집트 원정 때에 로제타 석(石)을 탈취하여 프랑스로 가져갔다. 그리고 프랑스 학자 장 프랑수아 상폴리옹(Jean-Francois Champollion, 1790-1832)이 로제타 석에 새겨진 이집트 문자를 해독해 냄으로써, 마침내 고대 이집트의 신화나 정신 문화 등이 우리에게 널리 알려지게 되었다.

고대 이집트 인들의 신앙에서 가장 잘 알려진 것은 사후 세계에 관한 것이다. 그들은 인간은 비록 지상에서 죽지만 혼(魂)은 죽지 않는다고 믿었기에 미이라를 만들어 후세에 남겼다. 그들의 사후 세계에 관한 생각은 미이라와 함께 매장한 두루마리 『사자(死者)의 서(書)』에 자세히 기록되어 있다.

영혼 불멸의 신앙과 함께 신화도 주목할 만하다. 그들의 신화는 창세신화(創世神話)로 시작된다. 다만 기록의 손실 때문인지 기독교의 창세신화보다는 체계적이지 않다. 창세신화에는 오시리스와 이시스의 애틋한 사연이 들어 있다. 그리고 그 사연은 우리가 고대 이집트의 달력 체계를 이해하는 데 빠뜨릴 수 없는 요소이다.

그림 10 태양을 손에 들고 있는 누트 여신 태양신은 누트의 손에 있는 둥근 원으로 나타나 있으며, 인간의 머리를 하고 있는 두 마리 뱀은 태양의 운행(運行)을 상징한다(그림은 세토스 1세의 무덤에서 발굴된 것).

태초에 눈(Nun)이라는 바다가 있어 거기서 아툼이 태어났다. 아툼은 저녁의 태양신으로 태양신 레와 동일시된다. 레는 스스로 게브, 슈, 테프누트, 누트를 낳았는데 이들 4명이 서로 다투게 되었다. 그 후 게브는 대지가 되고, 테프누트는 공기가 되고, 슈는 증기가 되었으며, 누트는 하늘이 되었다. 그런데 게브와 누트가 태양신 레의 뜻을 어기고 결혼하자, 그들에게는 1년 안에 들어 있는 360일 동안에는 절대로 임신할 수 없다는 불임(不姙)의 저주가 내려졌다. 누트는 친구인 토트에게 찾아가서 도움을 청했다. 토트는 계산과 문장(文狀)의 신일 뿐만 아니라 달의 수호신이었으며, 또한 시간과 달력의 지배자이기도 하였다.

태양신을 거역한 친구 누트를 돕기 위해 토트는 달과 주사위 놀이를 하였다. 만일 토트가 이기면 달빛의 1/72을 더 사용하기로 하였다(360÷72=5). 내기에서 이긴 토트는 마침내 5일을 더 사용할 수가 있게 되었다. 그래서 360일에 5일이 더 보태져서 1년이 365일이 된 것이다. 게브는 360일 바깥에 있는 5일을 이용하여 오시리스, 호루스, 세트, 이시스와 네프티스 다섯 아이를 얻었다.

다섯 남매 중 오시리스는 여동생 이시스를 아내로 취하는 한편, 이집트의 왕이 되어 전 세계의 미개 종족에게 문명을 전파하였다. 그러나 그는 동생인 세트에게 죽임을 당하게 된다. 평소 오시리스를 시기하던 세트는 음모를 꾸미고 그를 잔치에 초대한다. 잔치가 무르익었을 때 세트는 상자 하나를 내놓고서 몸이 상자에 딱 맞는 사람에게 금화를 준다고 말하였다. 여러 명이 상자에 들어가 보았으나 오시리스 몸에 맞춰 만든 상자가 다른 이들에게 맞을 리가 없었다. 마침내 오시리스가 상자에 들어가자, 세트의 부하 72명이 달려들어 상자를 꼭 닫고 나일 강에 던져 오시리스를 죽였다. 이 사실을 알게 된 오시리스의 동생이자 아내 이시스가 그의 시체라도 찾으려 나섰지만 세트는 다시 시체를 토막내어 이집트 각지에 버렸다. 이시스는 다시 방방곡곡을 돌아다니며 시체를 모아 원래의 모습으로 회복시키고 생명을 살리는 의식을 행한다. 그러나 오시리스는 이 세상에서 살 수가 없었고 사자(死者)의 나라 왕이 되었다. 그 후 오시리스의 동생 호루스가 세트를 무찌르고 이집트의 왕이 되었다.

이러한 신화로부터 이집트의 오시리스 축제가 시작되었다. 이집트 인들은 오시리스의 죽음에 이시스가 슬퍼서 흘린 눈물 때문에 나일 강이 범람한다고 믿었다. 특히 5일로 이루어진 열세 번째 달 에파고메네는 이집트 인들에게 1년 안에 들어 있지 않은 액운이 끼어 있는 때였다. 그래서 그들은 이때는 될 수 있으면 일을 하지 않았다.

에파고메네는 나일 강이 범람함으로써 시작되는 새해의 바로 전으로 축제를 위해서는 이상적인 시점이었다. 나일 강이 범람하여 새로운 옥토를 가져다 준 후에야 농사를 시작할 수 있었기 때문이다. 또한 농사일에 착수하기 전에 제방을 쌓고 수로를 닦는 등 관개 사업을 제식과 결합시켰다.

나일 강의 범람을 예보하는 시리우스 별

이집트 민중들은 태양력을 갖고 있었지만 축제일을 꼽는 데는 여전히 태음력을 사용하였다. 그런데 태음력도 불완전했지만 그들의 태양력 역시 오락가락하는 성질이 있었다. 그 때문에 때로는 제물을 바쳐야 하는 날이 여러 날로 늘어나 부담이 가중되었다.

무엇보다도 그들이 아직 알지 못하고 있던 약 1/4일 때문에 범람·파종·추수의 시기가 점점 앞당겨지고 있었다. 400년 후에는 새해의 시작이 100일이나 앞당겨져 달력상으로는 '범람', 즉 홍수를 예고하고 있지만 실제 계절은 추수 때였던 것이다. 우리에게도 잘 알려진 유명한 파라오 람세스 2세(Ramses II, 재위 BC 1279-BC 1213)

때는 첫째 달인 토트(Thoth, 현대 달력의 7월 중순)에 범람이 시작되었는데, 500년 후에는 티비(Tybi, 현대 달력의 11월)에야, 다시 그로부터 500년 후에는 파촌(Pachon, 현대 달력의 3월)에야 시작되었다.

나일 강의 범람이 달력과 일치하는 데에는 다시 1461년이나 걸렸다. 이러한 혼란은 농민들에게는 도저히 받아들일 수 없는 것이었다. 혼란을 해소하고 홍수의 때를 제대로 예고해 줄 수 있는 달력이 필요할 수밖에 없었다. 하지만 현실이 그리 심각하지는 않았다. 고대 이집트의 제관들에게는 농부들이 알지 못하는 더 좋은 홍수 예보 시스템이 있었기 때문이다. 제관들은 나일 강이 범람할 때면 언제나 새벽 하늘에 유난히 밝게 빛나는 별을 알고 있었다. 당시 나일 강가의 하늘에는 7월 중순(토트)이면 언제나 항성(恒性) 시리우스(Sirius)가 아주 밝게 빛나곤 하였다.

서양에서는 8월 중 가장 더운 때를 일컬어 '개의 날(Hundstage)'• 이라고 한다. 우리의 복(伏)날과는 묘한 우연인 셈이다. 이때가 되면 여명이 비칠 무렵 그 전에는 볼 수 없는 시리우스 별이 지평선 근처에서 관찰된다. 고대 이집트 인들은 이 별을 소티스(Sothis), 즉 '나일 강을 가져오는 이'라고도 불렀다. 이 별은 큰개자리의 일등성으로서, 신화의 주인공 이시스의 별이기도 하다. 이때가 되기 전

• 연중 가장 더운 시기를 말한다. 보통 7월 23일부터 8월 23일 사이. 미국에서는 대개 7월 12일부터를 말한다. 유럽 인들은 흔히 이때가 "개에게도 너무 더운 날"이기 때문에 이런 이름이 붙었다고 알고 있지만 이것은 오해이다. 원래는 큰개자리의 일등성인 시리우스가 7월 중순에 태양보다 먼저 지평선 위에 떴기 때문에 생긴 말이다. 시리우스는 요즘에는 8월에야 나타난다. 우리나라에서는 삼복(三伏)에 해당한다.

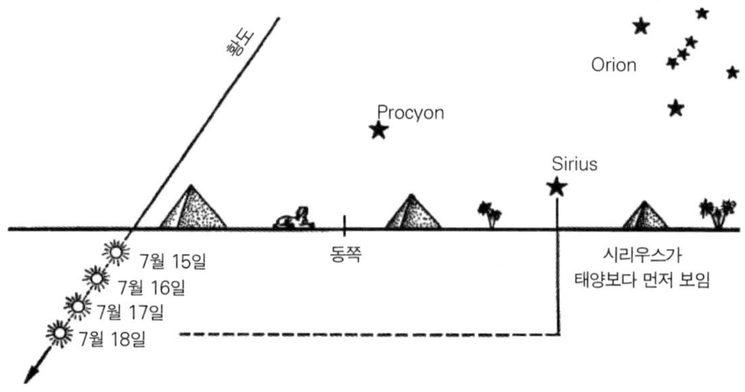

그림 11 나일 강의 범람을 예고해 주던 큰개자리의 시리우스

까지 시리우스는 먼저 떠올라 있는 태양의 빛에 가려 보이지 않는다. 하지만 태양이 이동하고 태양과 시리우스의 거리가 점차 멀어지다가 마침내 사람들은 시리우스를 해가 뜨기 전 여명에 볼 수 있게 된다(그림 11).

수천 년 전 이집트에서 이 현상은 대략 7월 17일-18일경에 시작되어 8월 4일쯤까지 관찰되었다. 그리고 이때 나일 강이 범람하였다. 잘못된 달력에도 불구하고 시리우스는 농사에 결정적인 영향을 미치는 나일 강의 범람을 정확히 알려 주는 훌륭한 예보자였던 것이다.

프톨레마이오스의 달력 개혁

한동안 자취를 감추었던 큰개자리의 일등성 시리우스가 다시 밝게

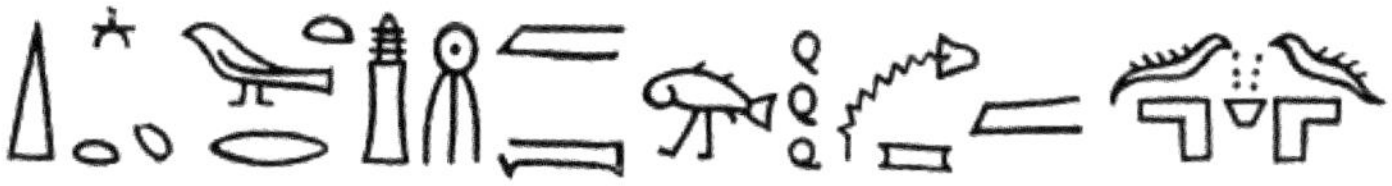

그림 12 이집트 상형문자 "위대한 소티스가 하늘에서 빛나자 나일 강이 둑을 넘었다."

비추면 곧 나일 강에 홍수가 난다. 이렇게 훌륭한 예보 시스템이 있기는 했지만 그래도 고대 이집트 인들은 달력을 개혁해야 하였다. 그들은 매년 1/4일, 0.25일을 빼먹었다. 4년이 지나면 하루를 빼먹은 것이 되고, 이것이 365번 되풀이되면 즉 4×365=1460년이 지나면 빼먹은 날들만 가지고도 온전한 1년이 된다. 이 1460년을 '소티스 주기(Sothisperiod)'라고 한다.

이집트 달력의 개혁은 마케도니아에서 비롯된 외래 왕조인 프톨레마이오스(Ptolemaeos) 왕조 시기에 이르러서야 시도되기 시작하였다. BC 246년 프톨레마이오스 3세인 오이어게테스•가 이집트 왕위에 올랐다. 그는 달력에 대한 해박한 지식을 가졌을 뿐만 아니라 달력을 개혁할 수 있는 권력도 함께 갖고 있었다. 그는 365일 다음에 붙어 있는 소수점 이하의 숫자로 인한 문제들을 개선하고자 하였다.

프톨레마이오스 3세는 BC 238년에 '카노푸(Kanopu) 포고'를 내려, 매년 마지막 달인 에파고메네를 4년마다 한 번씩은 5일이 아니

• Ptolemaeos Ⅲ Euergetes(BC 280-221). '오이어게테스(Euergetes)'란 '좋은 일을 한 사람'이라는 뜻으로, 프톨레마이오스 왕조의 전성기를 이룬 인물이다. 삼각법(三角法)을 창시하고 천동설을 수학적으로 기술한 천문학자 클라우디우스 프톨레마이오스(Claudius Ptolemaeos, AD 75-160)와 혼동하지 말아야 한다.

그림 13 프톨레마이오스 Ⅲ 오이어게테스

라 6일을 세도록 하였다. 이것이 바로 윤년이고, 오늘날의 2월 29일에 해당한다. 이로써 수천 년 동안 내려온 고대 이집트의 전통적인 달력 체계는 외래 왕조에 의해 깨지고 말았다.

2500년 이상 달력에 관한 모든 권한을 행사하던 보수적인 제관• 들로서는 몹시 쓰라린 일이지만 외래 권력 앞에서 새로운 달력을 받아들일 수밖에 없었다. 자연 현상과 일치하지 않는 기존 달력을 가지고는 민중들이 진정한 1년의 길이를 알지 못하였지만, 이제 농부들은 한 해의 길이를 정확히 알게 되었고 제관들의 예보 없이도 스스로 농사에 관한 모든 것을 결정할 수 있게 되었다. 홍수가 언제 올지 알 수 있었기 때문에, 언제 제방을 쌓아야 하며 언제 수로를 열고 또 언제 씨를 뿌려야 더 많은 수확을 올릴 수 있을지 알게 된 것이다. 그들은 인근의 다른 민족에 비해 더 많은 수확을 얻을 수 있었으며 이로 인해 주변 민족들보다 우위에 설 수 있었다.

그런데 프톨레마이오스 3세에 의해 개혁된 달력은 다른 민족들에게 급속히 전파되었지만 정작 이집트에서는 얼마 안 지나 옛 달

• 카를 마르크스(Karl Marx)는 "나일 강의 범람을 계산해야만 하는 필연성으로부터 이집트 천문학이 탄생하였으며, 이를 통하여 제관들이 농업 지도자로서의 지배권을 행사할 수 있었다."라고 쓰고 있다. Marx, Karl: Engels, Friedrich: *Werke*, Dietz Verlag, Berlin (1969) Band 23, p. 537.

력으로 되돌아갔다. 1년은 다시 윤년 없이 365일로 고정된 것이다. 제관들이 외래 왕조에 대해 목숨을 걸고 옛 달력의 복고를 요구했기 때문인지, 아니면 프톨레마이오스 3세의 후계자들이 권력을 잃었기 때문인지 그 이유는 불분명하다.

한편 이집트 민중들은 여전히 태음력을 따라 축제를 행하였다. 그 때문에 축제가 연중 특정한 날에 고정되지 못하고 오락가락하였다. 이러한 현상을 보고 그리스의 천문학자 제미니우스(Geminius)는 BC 77년에 다음과 같이 기록하였다. "실로 그들은 신이 연중 일정한 날에 복을 내려 주는 대신 모든 계절을 헤집고 다니면서 복을 내려 주기를 바라는 모양이다. 그래서 여름 축제가 겨울에 열리기도 하고, 가을 축제가 봄에 열리기도 한다."

하지만 카노푸 포고가 헛된 것은 결코 아니었다. 왜냐하면 약 200년 후 로마의 율리우스 카이사르(Gaius Julius Caesar, BC 100-BC 44)가 새로이 달력의 기초를 세우는 데 바로 프톨레마이오스 3세의 이론을 받아들였고, 또 그의 개혁 성과는 오늘날 현대 달력에도 반영되어 있기 때문이다.

2 고대 로마 달력

호메로스(Homeros, BC 800?-BC 750)가 서사시 『일리아스(*Ilias*)』와 『오디세이아(*Odysseia*)』에 기록한 대로, 기원전 13세기에 그리스가 작은 도시 트로이를 상대로 벌인 전쟁은 10년 넘도록 이렇다 할 진전도 없이 계속되고 있었다. 그리스 군은 트로이의 성을 포위하고 부단히 공략하였지만 좀체 함락시킬 수가 없었다. 마침내 그들은 '트로이 목마'라는 세기의 전술을 통해 성을 점령하였다. 승리자들의 분풀이는 만행 그 자체였다. 막강했던 트로이는 화염과 재 속에 파묻혔고 그 누구도 살아남을 수 없었다. 단지 트로이의 영웅 아이네아스가 사직(社稷)을 끝까지 지키기 위해 새로운 땅에 트로이를 재건할 각오로 아내 클라우사와 함께 아버지 안키네스를 등에 업고 아들 아키나우스의 손을 잡아끌며 트로이를 탈출했을 뿐이다. 약간의 부하들도 그를 따랐다. 하지만 아내 클라우사는 탈출에 실패하여 적군에 의해 죽임을 당하였다. 아이네아스 일행은 착각을 거듭한 항해 끝에 현재의 이탈리아 서부 해안에 다다를 수 있었지만 거기서 아버지 안키네스를 여의었다. 후에 아이네아스의 아들이 알바롱가(Alba Longa)라는 도시를 건설하였는데 이곳이 바로 지금의 로마이다.

그로부터 제13대 알바 왕 브로카스가 죽은 후 그의 두 아들 사이에 왕위 다툼이 벌어졌다. 다툼 끝에 모략에 뛰어난 아우 아무리우스가 형에게서 왕위를 빼앗았다. 이 북새통에 그들의 아름다운 여동생 실비아는 전쟁과 군대의 신인 마르스의 사랑을 받아 임신을 하게 되고, 달이 차서 쌍둥이 형제 로물루스(Romulus)와 레무스(Remus)를 낳았다. 왕위를 찬탈하여 왕 노릇을 하고 있던 쌍둥이의 삼촌은 후환을 없애기 위해 쌍둥이들을 죽여 버리라고 신하에게 명

그림 14 늑대 젖을 먹고 있는 로물루스와 레무스(청동, 16세기, 로마 카피톨 박물관 소재)

하였다. 그러나 신하는 쌍둥이 형제를 불쌍히 여겨 바구니에 담아 숲에 내다버렸다. 이때 신들은 암늑대를 쌍둥이에게 보내어 형제가 늑대 젖을 먹고 자라도록 해 주었다. 성장한 쌍둥이 형제는 복수에 나서 이미 백성들의 신망을 잃어버린 삼촌을 죽이고, 늑대가 그들을 구원했던 바로 그곳에 새로운 도시를 건설한다.

그러나 도시에 지도자는 한 명이면 된다. 형제는 새를 불러모으는 시합을 벌이기로 한다. 승자가 통치자가 되기로 한 것이다. 시합을 벌인 결과 형인 로물루스가 이겼다. 그는 바티칸 언덕 위에 새로 수도를 정하고 자기 이름을 따서 로마라고 불렀다. 이렇게 해서 로마력 제1년이 시작되었다.

일 년 열 달 304일과 일 년 열두 달 378일 사이

하지만 로물루스 당시부터 이렇게 햇수를 세어 나간 것은 아니다. 로물루스가 로마를 건설한 지 약 700년이 지난 다음(기원전 43년)에야

	1월	2월	3월	4월	5월	6월	7월	8월	9월	10월
이름	martius	aprilius	maius	junius	quintilius	sextilis	september	oktober	november	december
날수	31	30	31	30	31	30	30	31	30	30

표 6 폼필리우스 이전의 고대 로마 달력(BC 68년까지)

바로(Marcus Terentius Varro, BC 116-27)라는 로마 인이 특정한 시점을 기준으로 햇수를 세어 나가면 편리할 것이라는 생각을 했다. 그리고 그는 로마가 건설된 해를 로마력 제1년(1 *a.u.c*)이라고 정했다.• 이와 같이 햇수를 세는 방법을 일컬어 '바로 시대(Varroinsche Ära)'라고 한다.

이상의 이야기가 우리가 로마 달력의 유래에 대해 알고 있는 거의 전부라고 할 수 있다. 수천 년이라는 시간적 거리를 감안한다면, 로마 달력과 여러 가지 역사적 사실과의 모순은 그리 놀랄 만한 일이 못 된다. 특히 고대 로마 달력상에는 1년이 단 10달밖에 없었다는 점을 고려하면 더욱 그러하다(표 6 참조).

고대 로마 달력에서 1년 10개월의 날수를 모두 세어 보면 놀랍게도 304일밖에 되지 않는다. 이것은 달의 운행으로도 또 태양의 운행으로도 설명할 수가 없는 숫자이다. 로마 인들은 기원전 700년경 누마 폼필리우스(Numa Pompilius) 왕 때에 이르러 야누아리우스(januarius, 11월)와 페브루아리우스(februarius, 12월)를 추가하고 다시 월의 날짜를 재분배하여 1년을 355일로 정한 누마 달력••을 만들었는데, 이로써 유럽에 순수한 태음력이 도입되었다.

로마 달력에서 1년이 12개월이 되는 과정에는 재미있는 이야기

	이름	사용 시기에 따른 날수	
		~BC 68	BC 67~BC 55
1월	martius	31	31
2월	aprilius	30	29
3월	maius	31	31
4월	junius	30	29
5월	quintilis	31	31
6월	sextilis	30	29
7월	september	30	29
8월	oktober	31	31
9월	november	30	29
10월	december	30	29
11월	januarius	-	29
12월	februarius	-	28
Σ		304	355

표 7 폼필리우스 이전과 이후 달력의 비교

가 있다. 로마 인들은 그리스 달력(6장 '그리스 달력' 참조)과 보조를 맞추기 위해서 50일을 더해야 하였다. 그러면 1년의 길이는 354일이 된다(304 + 50 = 354). 하지만 로마 미신에 따르면 홀수는 짝수보다 더 큰 행운을 가져다 준다. 그래서 홀수인 51일을 더하여 1년이 355일이 되었다. 그런데 51일만으로는 두 달을 만들 수가 없었다. 그래서 짝수인 30일을 갖는 달, 즉 아프릴리우스(aprilius, 2월), 유니우스(junius, 4월), 섹스틸리스(sextilis, 6월), 셉템베르(september, 7월),

• 로마력 제1년은 BC 753년으로 '*a.u.c* 1'로 쓴다. *a.u.c*란 '압 우르베 콘디타(*ab urbe condita*)'의 약자로서, "세계 도시 로마를 건설한 때로부터"라는 뜻이 있다.

•• 누마 달력은 355일로 태음력에 따른 1년으로서는 옳은 날수를 갖고 있다. 29.53(달의 공전 주기)×12개월 =354.4일.

노벰베르(november, 9월)와 데셈베르(december, 10월)로부터 하루씩을 빼왔다. 그러면 51+6=57일이 되는데, 이를 29일과 28일로 나누어 각각 야누아리우스와 페브루아리우스로 한 것이다. 결국 28일짜리 페브루아리우스는 두 가지 측면에서 불길한 달이 되었는데, 첫째는 유독 이달만 날수가 짝수라는 것이고 둘째는 다른 달에 비해 유난히 짧다는 것이었다.

기원전 6세기 말 공화정 시기에 들어와서야 로마 인들은 태양의 움직임을 달력에 반영하기 시작하였다. 하지만 달력과 태양의 움직임을 일치시켜 보고자 했던 노력들은 성과를 거두지 못하였다. 단지 아래와 같은 4년 주기를 찾아내어 달력과 태양의 움직임이 크게 벗어나지 못하게 할 수는 있었다.

첫째 해 = 평년 355일

둘째 해 = 윤년 378일 (+23일)

셋째 해 = 평년 355일

넷째 해 = 윤년 377일 (+22일)

Σ 1,465(1,465÷4=366.25)

로마의 새로운 달력 체계는 달의 움직임과는 무관하였다. 달의 움직임과 일치하려면 한 달의 길이가 29일과 30일이 되어야 하기 때문이다. 31일이 있어서는 안 되었다. 그렇다고 해서 평년과 윤년 모두 태양의 움직임과 일치하는 것도 아니었다. 단지 4년이 지나고 나면 태양의 움직임과 거의 비슷해질 뿐이었다. 이처럼 로마 달력은 정확성이라고는 찾아볼 수 없는 괴물 같은 모습이었다.

윤달은 2월 중순에

로마 인들은 윤달을 '메르세도니우스(mercedonius)'라고 불렀다. 그런데 이 윤달은 오늘날 우리가 가지고 있는 음력 달력의 윤달과는 달리, 하나의 독립된 달로서 존재하는 것이 아니라 2월 중순에 끼어 넣어졌다. 즉 마지막 달인 페브루아리우스 23일 후에 윤달에 해당하는 22일 또는 23일 간을 끼워 넣고서, 이 기간이 모두 지나면 다시 24일부터 28일까지 5일을 더 세는 방식이었다.

이렇게 복잡하고 체계가 없는 달력은 다른 어느 문화권에서도 찾아볼 수가 없다. 이런 점을 감안한다면 로마 공화정 말기의 사회 혼란상은 결코 놀랄 만한 일이 못 된다. 달력을 주관했던 제관들은 윤달의 원칙을 제멋대로 무시하고 1년의 길이를 고무줄 늘리듯 늘였다 줄였다 하기도 하였다.

달의 이름은 어디서

이와 같이 고대 로마 달력은 하도 엉터리여서, 달의 이름이 아니었다면 우리의 달력이 과연 고대 로마 달력에서 기원했는지조차 알 수 없을 정도이다. 현대 달력에 남아 있는 고대 로마 달력의 전통은 그야말로 다음과 같은 달 이름뿐이라고도 할 수 있다.

마르티우스(martius, March) – 고대 로마 달력의 1월. 고대 로마 인들은 밤과 낮의 길이가 같은 춘분을 봄의 시작이라고 여겼고, 이때를 새해의 시작으로 정하였다. 마르티우스(마르스)는 군신(軍神) 또는 전쟁신이자 바다의 주인이기도 하다.

아프릴리우스(aprilius, April) – 2월. 그 기원이 정확하지 않다. 한때는 '햇볕 쪼이는'이라는 뜻을 가진 라틴 어 '아프리쿠스(apiricus)'에서 왔다고 생각하기도 했으나, 요즘은 농사를 짓거나 항해를 가능하게 하는 '땅과 바다를 여는 이'라는 뜻의 '아프릴레(aprile)'에 연관짓기도 한다. 한편으로는 아폴로(Apollo)의 단축형인 '아페르타(aperta)'에서 왔다고 주장하는 이도 있다.

마이우스(maius, May) – 3월. 아마도 식물의 성장을 주관하며 농부의 수호신이기도 한 마이아(maia)에게서 유래된 것으로 보인다.

유니우스(junius, Juny) – 4월. 결혼의 여신이자 신들의 어머니로 불리는 유니우스(junius)에서 왔다고 하는데, 다른 달의 이름이 모두 남성인 데 반해 이것만 여성이라는 점에서 의문이 남는다.

퀸틸리스(quintilis), 섹스틸리스(sextilis), 셉템베르(september), 옥토베르(oktober), 노벰베르(november), 데셈베르(december) – 모두 숫자에서 기인한다. '퀸트(quint)', '섹스트(sext)', '세프트(sept)', '옥트(oct)', '노브(nov)', '데셈(decem)'은 각각 5, 6, 7, 8, 9, 10을 나타내는 접두어이다.•

이러한 명명법에는 약간의 설명이 필요하다. 고대에는 숫자에 대한 감각이 보통 4에서 끝났다고 한다. 요즘도 "하나, 둘, 셋, 넷"

까지만 세고 그다음은 그냥 "많다"라고만 하는 원시 종족이 남아 있다고 한다. 로마 인들은 관습적으로 네 번째 아이까지는 각기 이름을 지어 주었지만 다섯 번째 아이부터는 숫자를 써서 불렀다. 로마 역사책에서 종종 볼 수 있는 '퀸티우스(Quintius)', '식스투스(Sixtus)', '옥타비아누스(Oktavianus)',•• '데시미우스(Decimius)' 같은 이름이 이에 해당한다. 이와 마찬가지로 로마 인들은 달 이름도 4월까지만 짓고, 그다음은 다섯 번째 달, 여섯 번째 달, …, 열 번째 달이라고 이름 지은 것으로 보인다.

야누아리우스(januarius, January; Januar) – 오늘날에는 1월이지만 당시에는 11월에 해당하였다. 이름은 태양의 움직임을 주관했던 머리 두 개 달린 신 야누스(janus)에서 왔다. 집 대문을 뜻하는 야누아(janua)에서 왔다는 주장도 있지만, 야누아리우스가 원래 1월이 아니라 11월이었다는 것을 고려하면 그 가능성은 희박해 보인다. 또 "폼필리우스 왕이 머리 두 개 달린 야누스 신상을 세웠는데, 이 야누스 상은 그 손가락으로 1년의 날수를 나타내고 있다."라고 쓴 필리니우스(Pilinius, BC 24-79)의 기록은 야누스가 어원일 가능성을 더 높여 주고 있다. 한편 로마 신전의 최고신 중의 하나인 야

• 1부터 10을 나타내는 라틴 어는 unus, duo, tres, quattuot, quinque, sex, septum, octo, novem, decem. 그리스 어는 hen, duo, treis, tettares, pente, hex, hepta, okto, ennea, deka.

•• 카이사르의 뒤를 이어 집권하고 마침내 로마 황제에 오른 아우구스투스의 본명이 '여덟 번째 아들'이란 뜻의 '옥타비아누스'이다. '아우구스투스(Augustus)'는 '존엄한 자'라는 뜻.

그림 15 머리 두 개 달린 신 야누스

누스는 1년과 계절 그리고 나이와 시간의 주관자였다.

페브루아리우스(februarius, February; Februar) – '정화(淨化)'에 해당하는 라틴 어 '페브룸(februm)'에서 왔다. 요즘은 2월이지만 당시에는 1년의 마지막 달인 12월이었기에 이렇게 부른 것이다. 로마 인들은 1년의 마지막 보름 동안에 살아 있는 사람을 위한 정화 의식과 죽은 사람들을 위한 제사를 지냈다. 한 해를 마무리하면서 각종 의식을 통해 신들의 눈에 비친 자신들의 죄를 씻고 나서 새해를 맞이하기를 바랐던 것이다.

미로 찾기 – 로마 인의 날짜 세기

로마는 미로의 도시였다. 네로 황제와 기독교 순교자를 소재로 한 사극 영화를 보면 로마에는 어지러운 미로가 땅 위와 아래(하수도)에 나 있는 장면이 얼마든지 나온다. 실제로 로마에는 헤아릴 수 없는 수많은 골목길이 거미줄처럼 얽혀 있었다. 그런데 미로는 달력에도 있었다.

유럽 세계를 정복한 이 위대한 민족도 날짜를 셀 때만큼은 3월 1일, 7월 17일 등과 같은 간단한 방법을 아직 알지 못하였다. 로마 인들은 어느 특정한 날을 가리키고자 할 때에는 그달 중 어느 한 날을 정하고 그로부터 며칠 전인가를 세어서 말하였다. 그들이 기준으로 정하는 날은 각 달에 세 번 있었다. 첫 번째 날은 '칼렌다에(kalendae)'• 라고 불렀는데, 매달 1일에 해당한다. 또 매달 5일과 13일은 각각 '노나에(nonae)'와 '이두스(idus)'•• 라고 하였다. 하지만 마르티우스(1월), 마이우스(3월), 퀸틸리스(5월)와 옥토베르(8월)에서는 7일과 15일이 각각 '노나에'와 '이두스'였다.•••

그러면 고대 로마인들은 3월 1일을 어떻게 나타냈을까? 간단하다. 3월은 마이우스(maius)이고 첫째 날은 칼렌다에(kalendae)이므로 간단히 '칼데다에 마이우스(kalendae maius)'라고 하면 되었다. 7월 13일도 마찬가지로 '이두스 셉템베르(idus september)' 하면 충분하다. 그렇다면 5월 5일은 '노나에 퀸틸리스(nonae quintilis)'일까? 아니다. 5월(quintilis)의 노나에는 5일이 아니라 7일이다. 따라서 그들

• '칼렌다에'는 고대 로마 달력에서 매월 1일을 이르는 말로서, 이 말에서 오늘날 우리가 '달력'을 칭하는 '캘린더(영 Calendar, 독 Kalender)'라는 말이 생겨났다. '달력'의 어원에 대해서는 두 가지 설이 있는데, 하나는 라틴 어로 '선포하다'에 해당하는 '칼라레(calare)'에서 왔다는 것이다. 같은 뜻을 갖는 그리스 어는 '칼라인(kalain)'이다. 다른 설은 '부채장부(負債帳簿)'를 이르는 '칼렌다리움(calendarium)'에서 왔다는 것인데, 고대 로마에서는 매월 초하루에 이자를 갚아야 하였다. 이로부터 초하루를 이르는 '칼렌다에(kalendae)'가 나왔고 이에서 다시 달력을 이르는 '캘린더'가 생겼다는 것이다.

•• '이두스'는 '보름달이 뜬 날'이란 뜻.

••• 후에 로마인들은 노나에와 이두스가 나머지 여덟 달과 다른 네 달, 즉 마르티우스(martius), 율리우스(julius), 마이우스(maius)와 옥토베르(oktober)를 쉽게 기억하기 위해 MILMO라는 약자를 써서 불렀다. 율리우스(julius)는 퀸틸리스(quintilis)가 변한 이름이다.

은 이날을 '안테 디엠 테리티움 노나에 퀸틸리스(ante diem teritium nonae quintilis)', 즉 '5월의 일곱 번째 날보다 3일 전'이라고 아주 길고 복잡하게 써야 하였다. 그들에게는 '며칠 전'은 있어도 '며칠 후'는 없었다. 또 5일은 7일의 이틀 전이지만 그들은 첫날과 끝날도 모두 세어서 (5⇒6⇒7) 3일 전이라고 표현하였다.•

복잡한 미로를 스스로 헤쳐 나갈 수 있으려면 약간의 연습이 더 필요하다. 이제 8월 27일은? 8월은 옥토베르였다. 그런데 기준일은 1일, 5일(또는 7일), 13일(또는 15일)뿐이고 '며칠 후'란 개념은 없었다. 따라서 다음달인 노벰베르의 첫날인 칼렌다에를 기준으로 삼아야 하였다. 또 27⇒28⇒29⇒30⇒31⇒1이므로 기준일부터 6일 전이다. 따라서 8월 27일은 '안테 디엠 세프툼 칼렌다에 노벰베르(ante diem septum kalendae November)' 즉 '9월 1일의 6일 전'이라고 썼다. 그리하여 8월 27일을 나타내는 말 어디에도 정작 8월이라는 단어는 들어 있지 않은 것이다.

다행히 로마 인들에게도 '프리디에(pridie)' 즉 '바로 전날'이라는 개념은 있었다. 그래서 11월 4일은 '안테 디엠… (ante diem…)' 하지 않고 그냥 '프리디에 노나스 야누아리우스(pridie nonas januarius)', 즉 '11월 5일의 바로 전날'이라고 하면 되었다. 하지만 11월 6일을 '포스트리에 노나스 야누아리우스(postrie nonas januarius)', 즉 '11월 5일

• 예수는 유월절 금요일에 십자가에 못 박혀 죽고 일요일에 부활하였다. 그런데 기독교인들은 예수가 이틀만에 다시 사셨다고 하지 않고 사흘만에 다시 사셨다고 한다. 이것은 로마 인의 전통에 따른 셈법이다.

의 바로 다음날'이라고 할 수는 없고 '안테 디엠 옥툼 이두스 야누아리우스(ante diem octum idus januarius)', 즉 '11월 13일의 8일 전'이라고 해야 하였다. 로마 인들에게 '며칠 전'은 있어도 '며칠 후'는 없었기 때문이다.

3 율리우스 달력

기원전 48년 가이우스 율리우스 카이사르의 로마 군대가 이집트의 알렉산드리아에 상륙하였다. 패주하는 폼페이우스(Gnaeus Pompeius Magnus, BC 106-BC 48)를 추적하기 위해서였다.

그런데 폼페이우스는 상륙하기도 전에 암살당하였고 대신에 그들은 이집트 왕위 계승 전쟁에 휘말린다. 연전연승의 카이사르 군대도 이집트에서는 위기에 처하기도 한다. 당시 로마의 속국이나 다름없던 이집트 군대에 패해 한 군단이 궤멸당하고 살아남은 군대는 마실 물조차 없게 된 것이다. 하지만 전쟁 영웅 카이사르, 그는 요염한 클레오파트라(Cleopatra, BC 69-BC 30)에게 도움을 청하지 않고도 마침내 전세를 뒤엎을 수 있었다. 폼페이우스는 자객의 손에 죽임을 당하고, 카이사르는 프톨레미이오스 13세와 왕위 다툼을 벌이고 있던

그림 16 가이우스 율리우스 카이사르

클레오파트라를 이집트 여왕으로 봉하였다.

카이사르는 불과 몇 개월 동안만 알렉산드리아에서 머물렀을 뿐이고, 소아시아와 아프리카를 거쳐 다시 로마로 돌아왔다. 그러나 이 짧은 기간은 세계의 역사를 다시 쓸 준비를 하는 데에는 충분한 시간이기도 하였다. 카이사르는 이집트에서 우리가 지금도 사용하고 있는 4년마다 한 번씩 윤달을 집어넣는 이집트 달력을 알게 된 것이다.

BC 46년 – 1년 445일의 해

폼페이우스를 무찌른 후 소아시아와 아프리카 원정에서 많은 전과를 올리고 그에 따라 더욱더 큰 권력을 장악하게 된 율리우스 카이사르는 기원전 46년 로마로 귀환하였다. 그의 개선 행진을 보기 위해 모든 로마 시민들이 도로로 나와 그의 발 앞에 엎드려 경배하였다. 그러나 카이사르는 화려한 개선 행진 이면에 가려져 있는 사회적 위험에 대해 주의를 놓치지 않고 있었다. 그는 그 위험부터 우선적으로 제거하기로 마음먹었다. 위험이란 바로 혼란스러운 달력 체계로 인한 사회 질서의 혼란이었다.

로마 공화정 말기에 대제관들은 달력과 태양의 운행을 일치시킬 수 있도록 윤년의 도입을 결정할 권한을 갖고 있었다. 그런데 많은 관리들은 자신의 임기를 어떻게든 연장하고 싶어 하였는가 하면, 새 임기가 좀더 일찍 시작되기를 원하는 관리들도 있었다. 이들은 대제관들에게 뇌물을 바쳤다. 대제관들은 뇌물을 갖다바친 관리들이 원하는 바에 따라서 또는 더 많은 세금과 노역의 징수를 노려서 한 해를 늘리기도 하고 줄이기도 하였다. 이로써 달력은 엉망이 되어 버렸다. 카이사르가 화려하게 개선한 기원전 46년은 거의 3개월이나 연장되어 445일이나 되기에 이르렀고, 이 해는 역사상 가장 긴 해로 기록되었다.•

로마로 귀환한 카이사르는 이제 모든 권력을 손아귀에 쥐었다. 이미 기원전 48년부터 집정관에 올랐던 그는 개선한 해에 임기 10년의 독재관이 되었고 호적감찰관도 겸하게 되었으며, 다음 해에는 평생 독재관의 지위에 추대되었다. 또 그는 개선 장군에게 일시적으로 부여되는 임페라토르(Imperator)라는 영예로운 칭호도 종신토록 지니게 되었다. 이 외에도 정무관 지명권과 원로원에서 첫 발언을 할 수 있는 권한도 가졌다.

로마의 모든 권력을 장악한 카이사르는 혼란스럽기 짝이 없는 로마의 달력을 단번에 뜯어고치려고 하였다. 그는 이집트에서 프톨레마이오스 3세 오이어게테스의 개혁이 불과 수 년 만에 뒤집어지고 다시 변화년이 도입된 역사적 사실을 기억하고 있었다. 카이사르는 모든 옛 달력을 폐지하고 사용을 금지시켰다. 그는 칙령을 반포하여 자신의 달력을 공식화하였고 기원전 45년 11월 1일

• 날짜가 이렇게 길어진 것은 카이사르가 달력을 개혁할 때 축제와 계절을 맞추기 위하여 33일과 34일짜리 두 달을 추가했기 때문이다. 역사에서는 기원전 46년을 '혼돈의 해(annus confusionis)'로 기록하고 있다.

(kalendae januarius)을 율리우스 달력의 기원으로 삼았다. 당시 최고의 권위를 인정받고 있던 알렉산드리아의 천문학자 소시게네스(Sosigenes)의 조언에 따른 카이사르의 달력 개혁은 크게 세 가지로 정리할 수 있다.

1년은 365.25일

첫 번째 개혁은 자연적인 1년의 길이를 정한 것이다. 이제 1년은 365일과 4분의 1일이 되었다. 이것은 현대 달력보다 약 11분 14초가 긴 것이다. 하지만 카이사르가 이 11분 14초의 차이를 모르지는 않았다. 이미 카이사르보다 100년 앞서 히파르코스가 측정한 1년은 우리가 아는 것과 불과 5분여밖에 차이가 나지 않는다. 다만 카이사르는 달력을 좀더 단순하게 만들기 위해서 근사값인 365.25일을 취하였던 것일 뿐이다. 그러나 이때 만일 그가 11분 14초를 무시하지 않았다면, 1500여 년 후 로마 인들의 인생에서 열흘이 사라지는 일은 없었을 것이다(4장 참조).

카이사르는 새로운 달력을 확정지은 후 파스티(fasti)라는 달력을 50여 개 제작하여 공공장소에 설치하고 시민들이 사용할 수 있게 하였다. 대리석으로 제작된 이 달력은 크기가 약 2평방미터 정도인데 지금도 남은 것이 있다.

두 번째 중요한 개혁은 2년마다 22일 또는 23일씩 추가하던 윤년 규칙을 폐기하고, 평년을 365일로 하되 4년마다 하루를 추가하여

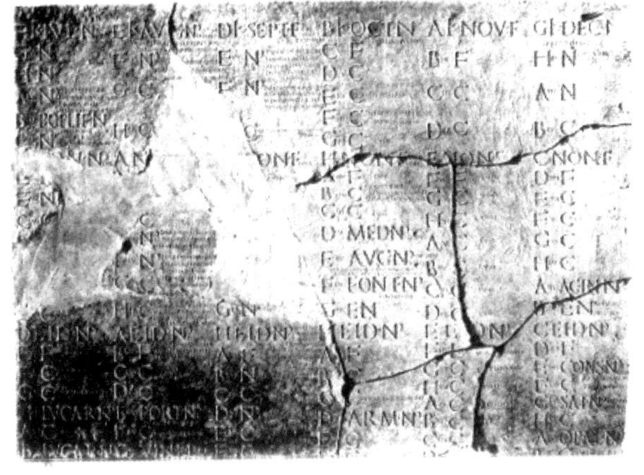

그림 17
대리석 달력
fasti amiterni

366일이 되는 윤년을 두는 것이었다. 윤년을 라틴 어로는 '아누스 비스섹스투스(annus bissextus)' 또는 '비스섹스틸리스(bissextilis)'라고 한다. 이 말의 기원에 대해서는 오해가 많다. 흔히 윤년의 366일에 6이 두 번 들어 있기 때문에 비스섹스투스 또는 비스섹스틸리스가 되었다고 생각하는 것이다.•

실제로 이 말의 기원은 다음과 같다. 비록 카이사르가 이전에는 11월이던 야누아리우스를 1월로 선포하였지만, 여전히 로마 시민들은 새로 2월이 된 페브루아리우스를 1년의 가장 마지막 달로 여기고 있었다. 그래서 카이사르도 윤년에 추가되는 하루만큼은 2월이 된 페브루아리우스에 넣기로 하였다. 하지만 그는 366번째 날

• '비스(bis)'는 '두 개', '섹스트(sext)'는 '6'의 뜻. 프랑스 어에는 이 말이 그대로 남아 있어서, 프랑스 어로 윤년은 '아네 비섹티유(année bissextile)'이다.

을 2월 28일 다음에 이어 2월 29일로 하지 않고 2월 24일을 이틀이 되도록 하였다. 그러니까 윤년의 2월에는 23일⇒**24**일⇒**24**일⇒25일⇒⇒⇒28일이 있게 된 것이다. 이제 2월 24일을 앞에서 연습한 대로 옛 로마 인들의 날짜 세는 방법에 따라 세어 보자. 2월 24일의 기준일은 다음달인 3월 1일이다. 또 24⇒25⇒26⇒27⇒28⇒1이므로 6일 전이다. 그러면 이날은 '안테 디엠 섹스툼 칼렌다스 마리티움(ante diem sextum kalendas maritium, 3월 1일의 6일 전)'이 되며 이날은 이틀 연속 있다. 즉 '비스섹스투스(bis sextus)'의 '섹스투스(sextus)'는 366에 두 번 있는 6에서 온 것이 아니라, 두 번 세어야 했던 '6일 전'의 6에서 온 것이다.

그렇다면 왜 카이사르는 윤년의 하루를 2월의 마지막 날로 정하지 않고 24일을 두 번 세게 해서 혼란을 자초하였을까? 그 이유는 그가 로마 시민들이 알고 있던 축제일의 날짜에 혼란을 주고 싶지 않아서였다. 페브루아리우스 23일부터는 정화 축제가 시작되어야 하는데, 29일이 생기면 이 23일의 날짜가 '3월 1일의 7일 전'에서 '8일전'으로 바뀌기 때문이다.

큰 달과 작은 달

세 번째 중요한 개혁은 355일에서 365일로 늘어난 열흘을 열두 달 안에 다시 배치하는 것이다. 카이사르는 로마 축제와 관련한 이유를 근거로 한 달을 30일 또는 31일로 재구성하였는데, 그 틀은 오늘날까지도 계속 통용되고 있다.

그는 31일과 30일을 배치하기 위하여 아주 손쉬운 방법을 사용하였다. 바로 손을 사용한 것이다. 그는 그림(그림 18)과 같이 주먹을 쥐고 튀어나온 달은 큰 달로 31일, 쏙 들어간 달은 작은 달로 30일씩을 배치하였다.

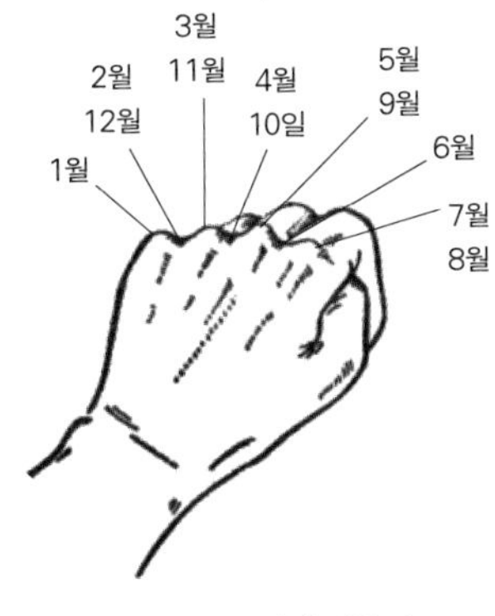

그림 18 큰 달과 작은 달

또 카이사르는 새해의 시작을 마르티우스에서 야누아리우스로 옮겼다. 이렇게 옮긴 이유는 실은 집정관에 취임하기로 되어 있는 자신이 새해가 시작되는 마르티우스까지 기다리기보다는 두 달 앞당겨서 빨리 취임하고 싶은 욕심 때문이었다. 그래서 일곱 번째 달을 뜻하는 셉템베르는 9월이, 여덟 번째 달을 뜻하는 옥토베르는 10월이, 아홉 번째와 열 번째 달을 뜻하는 노벰베르와 데셈베르는 각각 11월과 12월이 되었다. 그리고 그는 366번째 날을 결국에 가서는 2월의 마지막 날에 위치시키고 2월 29일로 하여 윤년을 좀더 간단하게 하였다.

달력을 개혁하여 생활의 리듬을 간단히 만들어 준 카이사르의 노력은 그에 대한 시민들의 존경심으로 나타났다. 로마의 원로원은 그의 노고를 치하하여 7월이 된 퀸틸리스를 카이사르의 이름을 따서 '율리우스(julius)'로 개칭하였다.

고대 로마 달력			율리우스 달력							
	ⓐ	ⓑ		①	②	③		④		⑤
martius	31	31	januarius	31	31	31	januarius	31	januarius	31
aprilis	30	29	februarius	28	29	28	februarius	29	februarius	28
maius	31	31	martius	31	31	31	martius	31	martius	31
junius	30	29	aprilis	30	30	30	aprilis	30	aprilis	30
quintilis	31	31	maius	31	31	31	maius	31	maius	31
sextilis	30	29	junius	31	30	30	junius	30	junius	30
september	31	31	quintilis	30	31	31	julius	31	julius	31
oktober	30	29	sextilis	31	30	31	sextilis	30	augustus	31
november	30	29	september	30	31	30	september	31	september	30
december	30	29	oktober	31	30	31	oktober	30	oktober	31
januarius	-	29	november	30	31	30	november	31	november	30
februarius	-	28	december	31	30	31	december	30	december	31

평년	304	355	365
윤년		382	366

ⓐ BC 68년까지의 고대 로마 달력 | ⓑ 누마에 의한 고대 로마 달력(BC 67~BC55)
① Cattabiani에 따른 율리우스 달력 | ② Kennely에 따른 율리우스 달력
③ Scholz에 따른 율리우스 달력 | ④ 7월의 이름을 퀸틸리스에서 율리우스로 바꿈
⑤ 8월의 섹스틸리스를 아우구스투스로 바꿈

표 8 로마 달력의 비교

아우구스투스의 달력 개혁

새로운 달력에 따라 날짜를 계산하고 그 정확성을 검사하는 일은 예전과 마찬가지로 대제관들에게 맡겨졌다. 그런데 이들은 소시게네스의 개혁 내용을 정확히 이해하고 있지 못하였다. 윤년을 4년에 한 번씩 두지 않고 3년에 한 번씩 둔 것이다. 이로써 다시 달력의 정확성은 떨어지고 말았다.

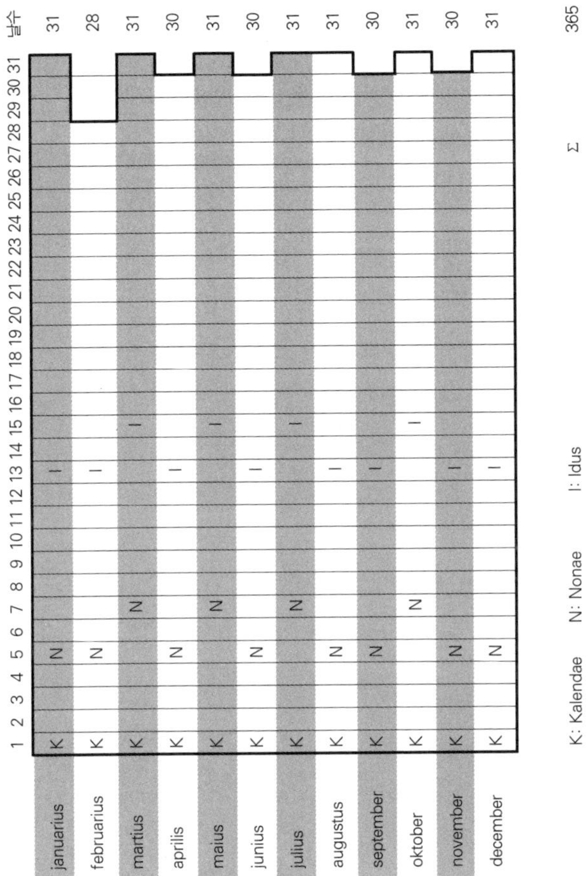

표 9 완성된 율리우스 달력

이 부정확성이 발견된 것은 기원전 8년으로, 카이사르의 후계자인 아우구스투스 황제가 통치할 때였다. 아우구스투스는 오차의 교정을 명하였는데, 기원전 8년부터 서기 8년 사이에 윤년을 행하지 않음으로써 대제관들의 몰이해에서 생긴 오차는 제거되었다.

이즈음에 원로원은 트라키아와 아크림 전투에서의 승리를 기념하고 율리우스 달력을 교정한 데 대한 사의로 8월이 된 섹스틸리스를 황제의 이름을 따서 '아우구스투스(augustus)'로 바꾸었다. 그런데 황제로서는 카이사르의 달인 율리우스(7월)가 큰 달로 31일인데 자신의 달인 아우구스투스(8월)가 작은 달로 30일인 것이 불만이었다. 무엇보다도 로마에서 짝수는 불길한 숫자였다. 이리하여 그는 29일이던 2월에서 하루를 옮겨 와서 8월을 31일로 만들었고, 그래서 달력에서 유일하게 7월과 8월이 큰 달로 나란히 있게 되었다는 일화가 전해진다. 그럴듯한 이야기이지만 그 신빙성에 대해서는 의심할 만하다.

왜냐하면 앞의 표(표 8)에서 제시하였듯이, 아직 8월이 섹스틸리스란 옛 이름을 가지고 있던 시기에도 이미 31일의 큰 달인 적이 있었던 것을 확인할 수 있기 때문이다.

아무튼 이로써 7, 8, 9월인 율리우스, 아우구스투스, 셉템베르가 나란히 31일로 있게 되었다. 이를 피하기 위해 셉템베르와 노벰베르의 마지막 하루를 각각 옥토베르와 데셈베르로 옮겨 오늘날과 같은 날짜 배치가 이루어졌다. 결과적으로 이러한 날짜 배치는 소시게네스의 개혁안과는 완전히 다른 모습이 되고 말았다.

이후로 로마의 달력 체계는 그리 달라지지 않는다. 다만 권력자들이 카이사르와 아우구스투스의 선례를 따라 자신의 이름을 달력에 넣어 보려는 시도나 계속되었을 뿐이다. 제 이름을 따서 달의 이름을 바꾸는 것은 복잡한 숫자를 가지고 까다롭게 머리를 써 계산하는 것보다 훨씬 쉬운 일이면서도 자신의 이름을 영원히 남길 수 있는 좋은 방법이었다. 제2대 로마 황제 티베리우스(Tiberius, 재위 14-37)는 9월과 10월의 이름에 자신과 어머니의 이름을 넣고자 하였다. 3대 황제 칼리굴라(Caligula, 재위 37-41)도 6월을 아버지의 이름인 게르마니쿠스(Germanicus)로 바꾸고 싶어 했으며, 4대 황제 클라우디우스(Claudius, 재위 41-54)는 5월인 마이우스를 자신의 이름으로 바꾸고자 하였다.

그러나 권력에 아부는 따라올지 몰라도 업적과 존경심까지 반드시 따라오는 법은 아니어서, 모두 실패로 돌아갔다. 로마의 제5대 황제로서 폭군의 대명사인 네로(Nero, 재위 54-68)만큼은 4월인 아프릴리우스를 자신의 이름를 따서 네로네우스(neroneus)로 고칠 수 있었다. 하지만 그가 죽자마자 사람들은 아무런 망설임 없이 4월의 본래 이름으로 되돌아갔다.

모든 길은 로마로 통한다•

유럽에서 발행된 '달력'에 관한 대부분의 책에는 "새로운 달력은

• 제2차 삼니테스 전쟁이 벌어지고 있던 BC 312년에 호적조사관(censor)이 된 아피우스 클라우디우스(Appius Claudius Caeus, ?-?)는 당시 격전이 벌어지고 있던 캄파니아와 로마를 이어 주는 아피아 가도(街道)의 건설을 비롯하여, 최초의 로마 수도(水道)인 아피아 수도 건설 등 대규모 토목 공사를 수행하였다. 이후로 로마 공병대는 점령지와 로마를 이어 주는 길을 건설하는 일에 주력했고, 이로부터 "모든 길은 로마로 통한다."라는 금언이 생겼다

로마의 군사력을 등에 업고 급속히 전 세계로 보급되었다."라고 쓰고 있다. 물론 그 책들을 쓴 유럽인들이 생각하는 세계는 고작해야 지중해 연안에 인접한 나라들일 뿐이다. 아무튼 개혁된 로마 달력 즉 율리우스 달력이 전 세계까지는 아니더라도 지중해 연안을 넘어 널리 전파된 것은 사실이다. 율리우스 달력은 16세기 말까지, 심지어 몇몇 나라들에서는 20세기 초반까지도 사용되었다.

카이사르를 비롯한 정치가들은 더 이상 달의 모양에 따른 달력, 즉 태음력으로 날짜를 계산하는 방법으로는 나라를 통치하기가 어려울 것이라고 생각했고, 또 상인들과 농부들도 태양력을 받아들임으로써 생활이 더 간편해졌다. 태음력에 따른 윤달의 계산은 너무나 복잡했고, 새 달은 새로운 달 모양에 따라 시작되어야 한다는 방식은 실생활에 아무런 도움을 주지 못하고 있었다. 율리우스 달력은 이런 불편을 모두 해소해 주었다. 달의 모양을 고려할 필요가 없어졌고 윤달의 계산은 획기적으로 간단해졌다. 여기에 새로이 세워지는 기독교 교회들이 율리우스 달력의 확산에 결정적인 영향력을 행사하게 된다.

그레고리우스 달력

1 기원(紀元)의 기원(起源)

우리가 쉽게 기억하는 연도가 있다. 예를 들자면 세종대왕이 훈민정음을 반포한 해인 1446년, 임진왜란이 일어난 1592년, 갑오농민전쟁의 1894년 등이다. 물론 당시에는 이와 같이 서기력 연도로 기록되지 않았다. 훈민정음은 세종 28년에 반포되었으며, 임진왜란은 선조 25년에 일어났고, 갑오농민전쟁은 고종 31년에 일어났다. 역사는 이렇듯 연호(年號)를 기준으로 하여 기록되었다.

이것은 서양 고대사에서도 마찬가지여서 지배자들은 저마다 새로운 연호를 사용하였다. 그러므로 역사 기록은 언제나 단절되었다. 그래서 많은 경우에 여러 가지 역사적인 사실의 시간 관계를 푸는 일은 마치 시지푸스가 돌을 산꼭대기에 올려놓듯이 끝이 보이지 않는 일이 되기도 한다. 국제적으로 공인되는 지속적인 연대 기술 방법을 개발하고자 하는 노력은 6세기에 들어서야 그 결실을 맺을 수 있었다.

초대 기독교 교회는 카이사르의 율리우스 달력 외에는 그리스도 이후의 세기를 셀 수 있는 방법이 없었다. 교회의 축일은 이 새로운 달력에 따라 고정되었고 따라서 기독교의 전파는 곧 율리우스 달력의 전파를 의미하게 되었다. 중세 시대에 유럽과 북아프리카 그리고 소아시아에는 오직 이 하나의 달력밖에는 없었다. 이런 측면에서 고대와 중세를 나누는 계기를 율리우스 달력의 확산과 사용에 둘 수도 있을 것이다. 기독교 교회는 로마의 새로운 달력을 받아들이고 나서 새로운 전통을 탄생시켰는데, 바로 오늘날까지도 사용되고 있는 기원(紀元)의 개념이다. 즉 예수가 태어난 해를 원년으로 삼아 햇수를 세는 방식이다.

6세기경 교황 요한 1세(Johannes I)는 시리아 출신의 주교로서 책력 전문가인 디오니시우스 엑시구스(Dionysius Exiguus, 500?-560?)에게 부활절을 계산하기 위한 새로운 연대표를 만들 것을 지시하였다. 디오니시우스는 당시 사용하던 로마의 연호 매르티르(Märtyr)를 대단히 혐오하고 있었다. 왜냐하면 이 연호는 기독교를 박해했던 로마 황제 디오클레티아누스(Diocletianus, 재위 284-305)의 것이었기 때문이다. 아키텐의 수학자 빅토리우스(Victorius of Aquitaine)는 디오니시우스보다 두 세대 앞서서 예수의 죽음을 기준으로 햇수를 정하자고 이미 제안한 바 있었다. 그리고 이 제안은 기독교인들에게는 매우 타당한 것이었다. 예수가 인간의 죄를 대속(代贖)하여 죽었으므로, 그들의 시대는 예수 이전의 시대와는 확연히 다른 시대라고 여겼기 때문이다.

예수는 언제 태어났는가

디오니시우스는 이러한 생각을 실현시키기로 하였다. 다만 그는 예수의 죽음이 아니라 예수의 탄생, 다시 말하자면 '하나님이 사람으로 세상에 오신 해'를 출발점으로 삼았다. 그런데 이 출발점을 찾기가 쉽지 않았다. 성서는 이에 관해 몇 가지 되지 않는 부정확한 자료만 제공하고 있을 뿐이었다. 그는 한 상징적인 날로부터 예수의 탄생 연도와 탄생일을 찾아갔다. 그날은 당시 알려져 있던 역사적 사실과 일치해야만 하였다. 하지만 디오니시우스가 사용한 자료는 부정확하고 틀린 것들이었으므로, 그가 알아낸 탄생 연도와 탄생일도 틀릴 것은 당연하였다.

그는 알렉산드리아의 주교 키릴로스(Kyrillos, 376?-444)가 만든 부활절 연대표를 토대로 연구를 하였다. 그의 이론은 다음과 같다. 당시 알려진 사실은 "예수는 약 500여 년 전에 죽었으며, 키릴로스 부활절 연대표에 따르면 예수는 3월 25일에 부활하였다."라는 것이 전부였다. 디오니시우스는 연대표로부터 약 500년 전에 3월 25일이 부활절이었던 날을 찾아갔다. 그해는 달 주기 19년×태양 주기 28년=532년 전이어야 한다. 왜냐하면 532년이 지나면 일의 요일과 달의 모양이 다시 일치하게 되어 부활절 날짜가 또 같아지기 때문이다(4장 '그레고리우스 개혁의 출발점–부활절' 참조). 그해는 디오클레티아누스 279년에 해당한다. 그리고 여기에서 예수의 생애 31년을 빼면 예수는 당시로부터 563년 전인 디오클레티아누스 248년에 태어난 것이라는 계산이 나온다.

이 계산은 비록 수학적으로는 옳지만 그 결론은 아직까지도 의심을 받고 있다. 키릴로스 부활절 연대표의 부정확성 외에도 '예수가 3월 25일에 부활했고 31년을 살았다.'는 가설 자체가 틀렸다고 할 수 있기 때문이다. 최소한 3월 25일이라는 날짜 자체만 해도 신빙성이 의문이다. 3월 25일에 예수가 부활했다는 가설에는 미신이 스며들어 있다. 사람들은 이 시기 즉 춘분 때 세상이 창조되었다고 믿고 있었다. 그래서 이때 새해를 시작하는 축제를 벌이곤 하였다. 새로이 중세의 세계관을 지배하게 된 기독교 문화 속에 살고 있던 당시 사람들에게 예수의 부활은 새로운 세상의 창조와 같은 것이었다. 따라서 그들은 예수의 부활은 당연히 이때에 있어야 한다고 전제하고 있었던 것이다.•

많은 천문학자들과 역사학자들이 예수의 탄생 시점이란 문제를 풀기 위해 나섰다. 성서에는 동방박사들이 별의 인도를 받아 베들

• 당시 교회력의 축일은 율리우스 달력이 정한 춘분·하지·추분·동지의 절기와 일치한다. 교회력은 당시 춘분이었던 3월 25일은 마리아의 임신일이자 예수가 부활한 날, 하지였던 6월 24일은 세례 요한의 탄생일, 추분이었던 9월 24일은 가브리엘 천사가 사가랴에게 나타나 세례 요한의 출생을 예고(누가복음 1장 8~20절)한 날, 동지였던 12월 25일은 예수의 탄생일로 삼았다.

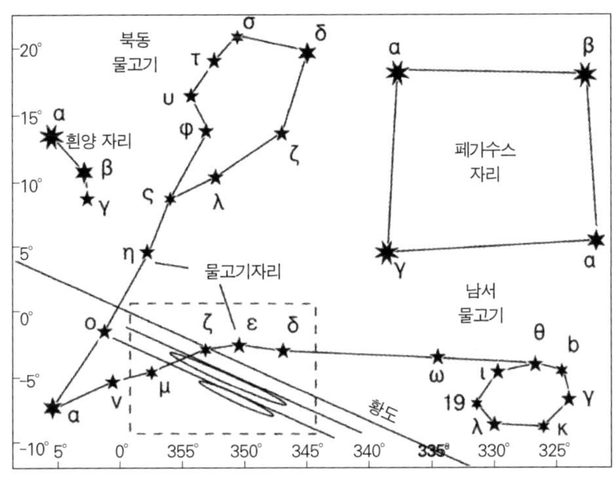

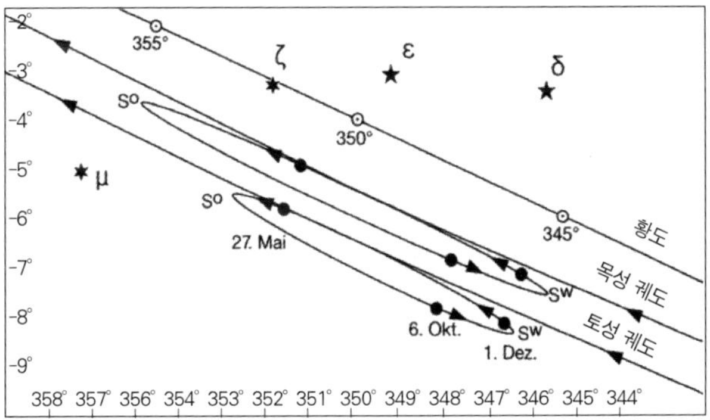

그림 19 목성과 토성의 3회에 걸친 상합(相合, Konjuntion)

레헴에 왔다고 기록되어 있다.• 천문학자들은 그 별이 무엇인지를 알아내려고 무진 애를 썼다. 처녀자리라고 생각하기도 했고 또는 핼리 혜성일 것이라고 추측하기도 하였다. 하지만 그 별은 평소에

• 헤롯 왕 때에 예수께서 유대 베들레헴에서 나시매 동방으로부터 박사들이 예루살렘에 이르러 말하되 "유대인의 왕으로 나신 이가 어디에 계시냐? 우리가 동방에서 그

는 보이지 않던 것이거나 아니면 평소와는 아주 다른 모습을 보여 동방박사들이 기이하게 받아들였던 것이어야 한다. 현자인 동방박사들이 유성이나 일시적인 천문학적 현상을 보고 오랜 기간 따라오지는 않았을 것임은 쉽게 짐작할 수 있다. 또 동방박사들은 관찰했지만 일반인들은 알아내지 못한 현상으로 보이므로 혜성은 아니었을 것이며(핼리 혜성은 기원전 5년 3월과 5월 사이에 나타났다), 관찰된 모습으로 미루어 초신성인 것 같지도 않다.

가장 그럴듯한 해석은 17세기 요하네스 케플러의 설명이다. 그는 성서에서 동방박사를 인도한 별이란 바로 목성과 토성이 854년마다 근접하여 밝게 빛난 현상일 것이라고 해석하였다(그림 19). 이러한 현상은 매번 3회씩 나타난다. 케플러는 아주 운이 좋았다. 그는 이 현상을 직접 관찰했을 뿐만 아니라, 이 대상합(大相合, Große Konjuntion)의 근접점에서 초신성[••]을 발견하였던 것이다. 케플러는 예수의 탄생이라는 엄청난 사실을 알려 주는 데에는 목성과 토성의 근접 같은 대단히 희귀한 현상이 필요할 것이라고 생각하였다.

의 별을 보고, 그에게 경배하러 왔노라." 하니-마태복음 2장 1~2절박사들이 왕의 말을 듣고 갈새 동방에서 보던 그 별이 문득 앞서 인도하여 가다가 아기 있는 곳 위에 머물러 서 있는지라-마태복음 2장 9절

•• 초신성(超新星, supernova)은 항성 진화의 마지막 단계에 이르러 폭발하면서 막대한 에너지를 순간적으로 방출하여 매우 밝아지는 별이다. 별 하나가 태양의 100억 배 정도로 밝아져 은하 전체의 밝기만큼 밝아진다. 초신성은 밝은 별이 갑자기 나타난 것처럼 보이기 때문에 동양에서는 손님별[客星], 서양에서는 극히 밝은 새로운 별(초신성, supernova)이라고 불렀다. 케플러가 발견한 초신성은 우리나라에서도 관상감의 천문학자들이 관측하고 있었다. 때는 선조 37년, 그레고리우스 달력으로는 1604년의 일이다.

더욱이 이 현상은 물고기자리 바로 위에서 벌어지는데, 물고기자리는 이미 예수 그리스도의 상징이 되어 있었던 것이다.•

천문학자들의 계산에 따르면 예수 탄생에 즈음해 이 현상은 기원전 7년 5월 29일과 9월 29일에, 그리고 세 번째 근접은 12월 4일에(또는 5월 27일, 10월 6일, 그리고 12월 1일에) 관찰되었다. 케플러의 해석은 비록 성경의 서술과는 일치하지 않지만 가장 유력하게 받아들여지고 있다.

예수의 탄생 연대 계산이 틀렸다는 역사적인 증거는 한층 분명하다. 누가복음과 마태복음에 따르면 예수는 헤롯(Herodes) 왕의 통치기에 태어났다. 그런데 헤롯 왕은 기원전 33년부터 기원전 4년까지 왕위에 있었다. 또 "그때 아우구스투스 황제가 칙령을 내려서 온 세계가 호적 등록을 하게 되었"는데, 이 첫 번째 호적 등록은 퀴니리우스(Quinirius, 성서에서는 구레뇨)가 시리아의 총독으로 있을 때에 시행한 것이다. 누가복음 2장 1~6절에는 "모든 사람이 호적 등록을 하러 저마다 자기 동네로 갔다. 요셉은 다윗 가문의 자손이므로, 갈릴리의 나사렛 동네에서 유대에 있는 베들레헴이라

• 초대 기독교 교회의 신학자 아우구스티누스(Augustinus, 354-430)에 따르면 그리스도는 물고기이다. 그 이유는 깊은 물과 같은 죽음의 바닥에서도 물고기는 생기 있게 살아 있기 때문이다. 물고기는 "말씀하시되 나를 따라 오라 내가 너희를 사람을 낚는 어부가 되게 하리라 하시니"(마태복음 4장 19절)라는 성경 귀절과 연관되어 생명의 물로 세례받은 그리스도의 상징이 되었다. 『신국(*De civitate Dei*)』 XVIII, 23.
기독교인들이 자동차에 그리스 어로 '물고기'라는 뜻의 '익티스(*ΙΧΘΨΣ*)'라는 문자가 들어 있는 물고기 모양의 그림을 붙이고 다니는 것을 종종 볼 수 있다. 그리스 어로 '예수 그리스도 하나님의 아들 구원자'라는 문장의 각 단어 첫머리를 따면 '물고기'라는 단어가 만들어진다.

하는 다윗의 동네로, 자기의 약혼자인 마리아와 함께 등록하러 올라갔다. 그때 마리아는 임신 중이었는데, 그들이 거기에 머물러 있는 동안에 마리아가 해산할 날이 되었다."(표준새번역)라고 기록되어 있다. 아우구스투스가 퀴니리우스에게 인구조사를 명한 것은 기원전 8년이고, 등록은 이듬해인 기원전 7년까지 계속되었다. 그러므로 예수는 서기(AD) 1년이 아니라 기원전 7년에 태어난 것으로 보인다.•

0년은 어디에?

한때 새로운 밀레니엄이 2000년에 시작되느냐, 아니면 2001년에 시작되느냐 하는 논란이 있었다. 천문학계의 의견에 따르면 새로운 밀레니엄의 시작은 2001년이다. 유럽 대부분의 나라에서도

• 예수가 AD 1년에 태어났다는 주장은 "예수께서 가르치심을 시작하실 때는 삼십 세쯤 되시니라."(누가복음 3장 23절)라는 성서 기록에서 기인한다. 예수가 활동을 시작할 때 세례 요한으로부터 세례를 받았는데, 이때는 티베리우스 황제가 즉위한 지 15년째 되는 해였다(누가복음 3장 1절). 이때 예수가 30세였다고 가정한다면 예수는 AD 1년에 태어난 것이 된다. 그러나 성서에 예수가 30세가 아니라 '삼십 세쯤'이라고 기록된 것에 주목해야 한다.
또 헤롯 왕은 BC 40~4년, 아우구스투스 황제는 BC 30~AD 14년에 통치하였으며, 퀴니리우스(성서의 구레뇨)는 BC 12~AD 16년 사이에 동방에서 고위직에 있었다. 요세푸스는 헤롯 왕의 사망일에 월식이 있었으며 예수가 십자가에서 죽을 때는 일식이 있었다고 보고하고 있다. 이런 현상은 당시 팔레스타인 지방에서는 AD 19년 6월 21일과 29년 11월 24일에 있었다.
한편 서양에서 1940년대 이전에 출판된 백과사전들과 한국에서 발행되는 대부분의 신앙 잡지에는 예수 출생 연대가 BC 3~4년으로 나와 있다.

2001년을 21세기의 시작 연도로 보고 있다. 꼭 100년 전의 세기말 논쟁에서는 20세기의 시작이 1901년이라는 데 이의를 제기한 사람은 드물었다. 그런데 대중들은 학계의 주장에 별로 귀기울이지 않는다. 2000년이야말로 1999년에서 네 자리 숫자가 한꺼번에 변하는 극적인 순간이기 때문이다. 대중들로서는 과학이나 논리보다는 피부에 와 닿는 실감이 더 중요하다.

결국 우리나라 정부도 대중의 편에 설 수밖에 없었다. 1999년 8월 15일 김대중 대통령은 광복절 경축사에서 1999년의 광복절을 '20세기 마지막 8·15 경축일'로 표현한 바 있다. 또 청와대 정책기획수석실은 「21세기 기산점 검토」라는 자료를 통해 "예수 탄생을 기원후 1년으로 잡고 그 전년도를 기원전 1년으로 계산함에 따라 0년이라는 개념이 실종된 역법상의 오류를 고려할 때 새 천년의 시작을 2000년으로 하는 것이 타당하다."라고 밝혔다.

여기서 말하는 '역법의 오류'란 이런 것이다. 한 세기는 100년이다. 따라서 20세기는 1900년부터 1999년까지의 100년이고, 2세기는 100년부터 199년까지의 100년이다. 그럴듯한 셈법이지만 문제가 있다. 이런 식으로 하면 1세기는 0년부터 99년까지의 100년이어야 하는데, 막상 0년은 존재하지 않았던 것이다. 그러므로 청와대 정책기획수석실의 입장은 틀린 것이다. 새 천년이 2000년부터 시작된다면 지난 천년은 1000~1999년의 천년이며, 그 전 천년은 1~999년까지의 천년(?)이라는 우스꽝스러운 결과가 나오기 때문이다.

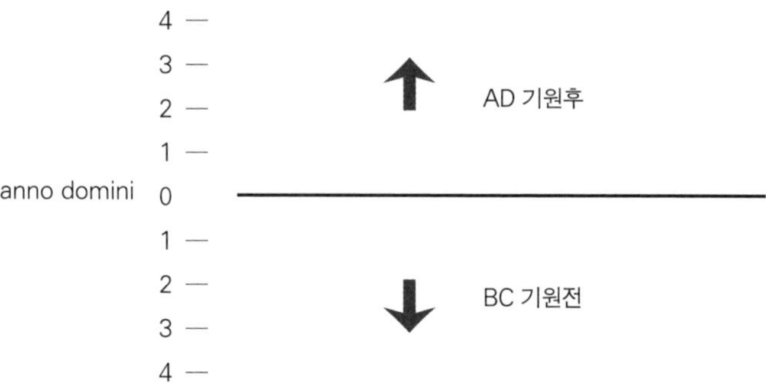

'역법의 오류'는 디오니시우스의 또 다른 엄청난 실수였다. 그는 새로운 시대의 시작을 0년이 아니라 1년으로 정하였던 것이다. 물론 이것은 디오니시우스만의 잘못은 아니다. 당시에는 영(0)이 아직 숫자로서 자리 매김을 하지 못하였기 때문이다. 디오니시우스 엑시구스 당시(532년)에는 0이나 음수의 개념이 아직 없었다. 0이라는 숫자의 개념이 인도에서부터 아랍을 거쳐 유럽에 전해진 것은 9세기에 이르러서였고, 또 그것이 일반화되기까지는 수백 년을 더 기다려야 하였다.

사실 어떻게 보면 연도가 1년으로 시작되는 것은 당연한 일인 것도 같다. 하지만 천문학자나 수학자들에게는 이해할 수 없는 일이 된다. 위의 그림은 이 차이를 명확히 보여 준다.

이 그림에서 보듯이 0년이 있어야 예수 탄생을 기준으로 하고 앞과 뒤로 각각 해를 세어 나갈 수가 있다. 하지만 0년이 없으므로 어쩔 수 없이 예수 탄생 이후만을 디오니시우스의 방법으로 세었고, 예수 탄생 이전은 예전의 방법을 그대로 사용하였다. 예수 이전 시

역사 연도	BC 3년	BC 2년	BC 1년	AD 1년	AD 2년	AD 3년
천문학 연도	-2년	-1년	0년	1년	2년	3년

표 10 역사 연도와 천문학 연도의 비교

대를 디오니시우스의 방법을 사용하여 기원전 몇 년 하는 식으로 센 것은 18세기에 들어와서였다.

간단한 퀴즈. AD 1998년과 AD 2000년 사이에는 몇 년의 간격이 있을까? 답은 간단하게 2000 − 1998 = 2년이다. 그러면 BC 2년과 AD 2년 사이의 간격은 몇 년일까? 답은 4년이 아니라 3년이다. 0년이 없기 때문에 생기는 결과이다. 따라서 기원전과 기원후 사이의 간격을 계산할 때는 항상 1을 빼야 한다.

천문학자들은 이 방법을 그대로 사용하지 않고 천문학 계산의 편리성을 위하여 나중에 영년을 추가하였다. 그래서 기원전을 나타내는 천문학 연도는 언제나 역사학 연도보다 1년이 적다(표 10 참조).

아무튼 디오니시우스는 자신이 만든 새로운 연호를 '아노 도미니 모스트리 예수 크리스티(anno domini mostri Jesu Christi)', 즉 '우리 주 예수 그리스도의 해'라고 이름지었다. 서기(AD, anno domini) 연호가 등장하는 것이다. 이 연호는 약 1000년경부터 유럽 전역에서 사용되었으며 교황으로부터 1431년 공식 승인받았다. 하지만 전혀 다른 문제가 남아 있었다. 바로 새해의 첫날은 언제부터 시작되는가 하는 문제였다.

한 해의 시작은 언제?

우리에게 한 해가 1월 1일에 시작된다는 것은 너무나 당연한 이야기이다. 이것은 이미 기원전 45년 카이사르의 달력이 사용될 때부터 시작된 것이다. 비록 디오니시우스가 예수의 부활일을 3월 25일로 정할 때에도 이날을 새해의 첫날로 삼지는 않았으며, 후에 교황 그레고리우스 13세(Gregorius XIII, 재위 1572-1585)가 달력을 개혁할 때에도 1월 1일은 그대로 유지하였다.

하지만 많은 나라와 지역에서는 새해 첫날이 제각기 달랐다. 카이사르의 개혁 이전 고대 로마의 새해는 3월(마르티우스) 1일에 시작되었는데, 이 방법은 프랑스에서는 6~8세기 무렵까지, 러시아에서는 13세기까지, 그리고 베네치아에서는 1797년까지 사용하였다.

교회에서는 크리스마스 축일을 새해의 시작으로 삼았다. 교회는 354년경부터 구세주의 탄생일을 12월 25일로 지키게 되었는데, 이와 함께 이날 크리스마스가 새해의 출발점이 되었다. 이 전통은 1691년 교황 이노센트 12세(Innocentius XII)가 1월 1일을 새해로 인정할 때까지 계속되었다.

2 그레고리우스 개혁의 출발점 – 부활절

현대인의 필수용품 중 하나로 컴퓨터(computer)를 들 수 있는데, 이

'컴퓨터'라는 단어는 '계산하다'라는 뜻의 라틴 어 '콤푸타레(computare)'에서 유래한다. 옛 로마 교회에서는 부활절을 계산해 내는 일을 '콤푸투스(computus)'라고 했으며, 이 일을 전문적으로 담당하는 승려를 따로 두고 있었다. 그럴 수밖에 없었던 것이 부활절이 크리스마스와는 달리 어느 한 날에 고정되어 있지 않고 달의 운행에 따라 오락가락하였기 때문이다.

연도	부활절
2000	4월 23일
2001	4월 15일
2002	3월 31일
2003	4월 20일
2004	4월 11일
2005	3월 27일
2006	4월 16일
2007	4월 8일
2008	3월 23일
2009	4월 12일
2010	4월 4일
2011	4월 24일
2012	4월 8일
2013	3월 31일
2014	4월 20일
2015	4월 5일
2016	3월 27일
2017	4월 16일
2018	4월 1일
2019	4월 21일
2020	4월 12일
2021	4월 4일
2022	4월 17일

표 11 부활절(2000~2022)

물론 처음부터 부활절이 오락가락하였던 것은 아니다. 초대 교회에서는 밤과 낮의 길이가 같은 춘분을 부활절로 삼았다. 그런데 이것은 이교도적 전통을 반영한 것이었다. 게르만 민족은 춘분을 맞이하여 땅과 봄의 신인 오스타라(Ostara)의 축제를 벌이고, 로마에서는 겨울에 죽었다가 봄에 부활하는 식물신 아티스(Attis)에게 제사를 지냈다. 이 축제는 달의 모양과 상관없이 언제나 3월 25일에 열렸다. 비단 부활절뿐만 아니라 다른 기독교 축일들도 대개는 각 지방의 이교도 축제와 관련되어 있지만, 부활절은 자연스럽게 봄의 시작을 알리는 춘분과 연결되었던 것이다. 실제로 독일어에서 부활절을 뜻하는 '오스테른

(Ostern)'은 '오스타라' 신으로부터 유래한 것이며, 프랑스에서는 16세기까지도 예수의 죽음과 부활이 춘분을 전후한 시기인 3월 25일과 27일에 고정되어 있었다. 일찍이 카이사르는 3월 25일을 신과 자연이 겨울잠에서 깨어나는 날로 정하였는데, 이때 탄생과 재생의 상징으로 달걀을 주고받는 풍습이 있었다. 이 풍습은 후에 교회에 흡수되어 부활절의 전형적인 풍습으로 남아 있다.

유대인들에게는 부활절이 유월절 축제와 관련되어 있었다. 기원전 13세기 유대인들의 이집트 탈출을 기념하는 유월절 축제는 "여호와께서 애굽 땅에서 모세와 아론에게 일러 말씀하시되 이달을 너희에게 달의 시작, 곧 해의 첫달이 되게 하고…"(출애굽기 12장 1절 이하, 13장 4절 이하)라는 성서의 기록대로 니산(Nissan) 월(유대 달력의 1월. 태양력의 3-4월에 해당)의 초승달이 보이기 시작한 후 14일째에 시작되었다. 그리고 복음서의 기록에 따르면 예수의 부활은 유월절 축제 다음의 일요일에 일어났다. 유월절은 유대의 음력 달력에 따라서 계산된다. 그러므로 유월절이나 부활절은 매년 달의 모양에 따라서 오락가락할 수밖에 없었던 것이다.

사도행전 시대에 이르러 유대의 유월절 축제는 시기적으로 유럽의 오스테른 축제와 같이 행해지게 되었다. 그러면서 유월절과 부활절은 교회에서 서로 분리되었던 것이다. 이 과정에서 많은 논란이 일어났다. 결국 교회는 부활절 날짜를 정하는 회의를 열기로 하였다. 초대 교회의 첫 종교회의가 325년 지금의 터키 니케아에서 열렸다. 이 회의의 가장 중요한 토의 주제는 부활절을 언제로 하느냐 하는 것이었다. 여기서 부활절은 '봄의 첫 만월 후 (즉 춘분 뒤 첫 보름달이 뜬 뒤에 오는) 첫 번째 일요일'로 정해졌다. 이때부터 부활절은 보통 3월 22일에서 4월 26일 사이에 지켜지게 되었다.

디오니시우스 엑시구스는 525년에 532년부터 626년까지 95년간의 부활절 연대표를 다시 작성하였다. 그리고 교회는 그의 연대표를 공식적으로 채택하였다. 이때 그는 알렉산드리아의 부활절 계산법을 따랐는데, 당시로서는 그 외에 다른 대안이 없었다. 이 계산법에 따르면 어느 날의 달의 모양은 19년 후 바로 그날의 달의 모양과 똑같다. 그리고 부활절은 일요일이어야 했으므로, 율리우스 달력에 따르면 평년에는 하루씩, 그리고 윤년에는 이틀 요일이 늦추어진다(365÷7=52와 나머지 1, 윤년에는 나머지가 2). 따라서 4년이 지나면 요일이 5일 늦추어지고, 28년이 지나면 7×5=35일=5주가 되어서 다시 요일이 일치하게 된다. 달의 모양은 19년을 주기로, 요일은 28년을 주기로 변하므로 19×28=532년이라는 거대한 주기(annus magnus)가 얻어진다. 이와 같은 단순한 디오니시우스의 계산법으로부터 천문학적인 사실과 점차 커다란 차이가 생기게 된다.

디오니시우스는 봄(춘분)은 3월 21일 0시에 시작된다고 정하였지만, 실제로는 3월 19일 아침 8시에서 3월 21일 오후 8시 사이에 시작된다. 또 그는 달이 일정한 원형의 공전 궤도를 돈다고 가정하였는데, 이것으로부터도 약 ±0.7일의 오차가 발생한다. 이러한 오차로부터 '부활절 패러독스'가 생기게 된다. 가장 최근의 패러독

부활절에 따라 움직이는 교회 축일	부활절과의 차이	비 고
7순절 주일(Septuagesima)	-69	부활절 전 70일째 날, 성회 수요일 전 제3의 주일
성회(聖灰) 수요일 직전 목요일 (Weiberfastnacht)	-52	여인들이 허물없이 노는 날
오순절 주일(Quinquagesima)	-49	부활절 전 50일째 날
사육제(謝肉祭) 중의 월요일 (Rosenmontag)	-48	흔히 장미(Rose)의 월요일이라고도 하지만 원래는 Rasenmontag(광란의 월요일)에서 온 말로서 허물없이 떠드는 날이며 가장행렬이 열린다.
참회(懺悔) 화요일(Fastnacht)	-47	사육제(謝肉祭, Karnival) 날이기도 하다. 실제로는 계속 허물없이 노는 날
성회(聖灰) 수요일(Aschermittwoch)	-46	사육제의 이튿날로 신자는 참회의 뜻으로 이마에 성회를 바른다. 실제로는 여전히 허물없이 노는 날일 뿐이다.
종려 주일(Palmsonnatg)	-7	예수의 예루살렘 입성을 기념하는 날
성금요일(Karfreitag)	-2	그리스도 수난의 날, 부활절 전 금요일
부활절(Ostersonntag)	0	부활절
부활절 월요일(Ostermontag)	+1	부활절 다음 월요일
승천절(Christi Himmelsfahrten)	+39	예수의 승천을 기념하는 날
성령강림절(Pfingstsonntag)	+49	유대교에서는 오순절
성령강림절 월요일(Pfingstmontag)	+50	성령강림절 다음 월요일

표 12 **부활절에 따라 떠도는 교회 축일**

스는 1974년에 있었다. 부활절이 4월 7일이 아니라 14일에 있었다. 다음 패러독스는 2000년에 있으며 4월 26일이 아니라 4월 23일에 있게 된다.

여러 가지 논란이 있기는 하지만 부활절은 봄 축제와 깊은 관계가 있고 날짜도 그와 관련하여 정해졌다는 것은 확실해 보인다. 부활절은 태양의 움직임뿐만 아니라 달의 모양과도 관계가 있으므로 수백 년 동안 많은 사람들이 모든 방법을 동원하여 정확한 부활절 날짜를 계산하려 들었지만 결과는 언제나 실패였다. 지금은 매년 나오는 달력뿐만 아니라 각종 안내 책자에서도 나와 있지만 말이다.

부활절이 언제냐 하는 문제가 특히 중요한 것은 교회의 많은 축일들이 부활절에 따라 정해지기 때문이다. 부활절 이틀 전은 성금요일(Karfreitag)이며, 60일 후는 성체(聖體) 축성일(Fronnleihnamm)이다. 그 외에도 많은 교회 축일들이 부활절 날짜에 연동되어 떠돌고 있는 것이다(표 12 참조).

변방 국가의 부활절

오락가락하는 부활절은 교회사에 많은 혼란을 남겼다. 니케아 종교회의 후 약 300년이 지난 563년 에이레의 승려 콜룸바(Columba)는 열두 제자들과 함께 당시 아직도 이교도였던 픽트 족을 개종시키기 위하여 북부 브리튼(지금의 스코틀랜드)으로 갔다. 후에 픽트 족의 왕 브리디우스(Bridius)는 콜룸바의 선교 활동에 대한 베다(Beda, 673-735)의 보고를 받고 자기 백성들을 개종시켜 준 데 대한 감사의 뜻으로 콜룸바에게 하이(Hy) 섬을 선물하였다. 콜룸바는 그곳에 수도원을 세웠고 이 수도원은 에이레와 스코틀랜드 교회의 중심이 되었다.

베네라빌리스(Venerabilis)라고도 불리던 신학자 베다는 어느 날 수도원을 방문하여 치하하는 한편, 부활절이 다른 데에 대한 흠을 들추어내었다.

무슨 일이 일어났었는가? 당시 세계의 변두리에 해당하는 이곳에는 아직 종교회의의 결론이 전해지지 않았던 것이다. 콜룸바의 수도원뿐만 아니라 스코틀랜드와 브리튼의 모든 교회들은 아직도 고대 로마의 유월절 주기에 따라 부활절을 세고 있었다. 새로운 주기가 532년 걸리는 데 비해, 옛 주기는 12년마다 윤달을 갖는 84년 주기로서 4세기 전반까지 로마에서 사용되던 것이었다. 이런 일은 이 지역에만 국한된 것이 아니었다. 소아시아와 스페인 그리고 많은 변방국들에서는 아직도 제각기 다른 날에 부활절을 세고 있었다. 또한 디오니시우스의 방법에 따른 연대표의 부활절은 해가 지남에 따라 점점 천문학적인 현상과는 많은 오차가 생겼다.

어떻게 이렇게 오랜 기간 동안 부활절 날짜가 보정되지 않고 그 오차를 계속 키울 수 있었는지는 이해하기가 힘들다. 니케아 종교회의 이후 1200년이 흐르도록 이 문제를 시정하려는 아무런 움직임도 없었다. 16세기에 들어서야 로마 교황은 디오니시우스에 따른 부활절과 실제 천문학적인 현상과의 차이를 극복하기 위한 작업에 나서게 된다.

3 교황 그레고리우스 13세와 달력 개혁

앞에서 살펴본 카이사르의 율리우스 달력은 아주 사소한 부정확성을 가지고 태어났다. 율리우스 달력에 따르면 1년은 365.25일이었다. 하지만 지구가 태양을 365.2422일 만에 한 바퀴를 돈다는 사실은 당시에도 이미 알려져 있었다. 0.0078일, 달리 이야기하면 11분 14초 또는 674초의 차이가 있었다. 카이사르 당시에 이러한 차이는 달력을 만드는 데 무시할 수 있는 아주 작은 숫자였을 뿐이었다.

그런데 이 작은 차이가 모여서 16세기 르네상스 시대에 이르러서는 그 오차가 10일에 이르게 되었다. 그래서 밤과 낮의 길이가 같은 춘분은 이제 3월 21일이 아니라 3월 11일이 되었다. 춘분이 지나고 보름달이 떴건만 다음 일요일에 부활절 예배가 드려지지 않았다. 이제 오차는 너무나 커져 누구나 느낄 수가 있었고, 마침내 로마 교회는 달력을 바꾸어야 한다고 생각하게 되었다.

그레고리우스 13세 이전의 개혁 시도

율리우스 달력을 개혁하고자 했던 시도는 오래전부터 있었다. 8세기에 영국의 신학자 베다가 이미 율리우스 달력의 문제를 제기한 바 있고, 로저 베이컨(Roger Bacon, 1214-1294)이 교황 클레멘스 4세(Clemens IV)에게 새로운 달력안을 제출한 적도 있었다. 15세기에는 피에르 다일리(Pierre d'Ailly, 1350-1420)와 니콜라우스(Nicolaus, ?-1464) 추기경이 춘분을 3월 21일로 맞추기 위해 달력에서 며칠을 지워 버리기도 하였다. 마침내 부활절의 문제를 해결하기 위하여 1414년 콘스탄츠에서 종교회의가 열렸다. 하지만 회의에서는 아무런 결론도 내지 못하고 단지 문제 해결을 미루기로만 결정하였다.

독일 쾨니히스베르크 출신의 주교로 수학자이자 천문학자인 레기오몬타누스(Regiomontanus, 1436-1476)는 뉘른베르크의 친구 베른하르트 발터(Bernhard Walther)와 함께 1474년 60여 쪽에 달하는 훨씬 정확한 달력을 발표하였다. 이 달력은 별과 해 그리고 달의 모양 변화를 종합적으로 고려하여 작성한 것이었다. 이 달력이 로마 교황청의 눈에 띄었다. 교황 식스투스 4세(Sixtus IV, 재위 1471-1484)는 즉시 레기오몬타누스를 불렀다. 하지만 이때는 이미 레기오몬타누스가 페스트로 세상을 떠난 후였다.

또 한 세기가 그냥 지나갔다. 교황 율리우스 2세(Julius II, 재위 1503-1513)와 레오 10세(Leo X, 재위 1513-1521) 또한 달력 문제에 관심을 가졌지만 결론을 내리지는 못하였다. 1514년 니콜라우스 코페르니쿠스는 종교회의로부터 달력의 개정 심의에 대한 자문을 요청받았는데, 그는 아직 1년과 한 달의 길이를 정확히 알지 못하고 있다는 이유로 출석을 사양하였다.

하지만 추측컨대 이미 그는 모든 것을 알고 있었다. 아니, 오히려 그는 너무 많은 것을 알고 있었다. 그는 "우주의 중심은 지구가 아니라 태양이다. 태양이 지구를 도는 것이 아니라 지구가 태양을 돈다."라는 새로운 태양 중심의 지동설을 확신하고 있어, 교황청의 공인 교리인 천동설에 이의를 제기하는 일을 피하고자 하였을 것이다.•

1563년의 트리엔트 종교회의도 달력 개혁에 대해서는 아무런 결과를 내놓지 못하였다. 그래도 이 회의에서는 달력 개혁을 담당할 위원회를 구성하고 그 위원들을 선정하였다. 위원으로는 독일 출신으로 이탈리아에 귀화한 예수회 신부 크리스토퍼 클라비우스(Christopher Clavius, 1537-1612), 이탈리아 천문학자인 에그나티오 단티(Egnatio Danti, 1536-1586), 스페인 출신의 역사가 페트루스 시아코니우스와 시르텔리 추기경 등이 선정되었다. 그리고 시르텔리 추기경은 후에 교황에 즉위하여 바로 그레고리우스 13세로 불리게 된다.

그레고리우스 13세의 달력 개혁

그레고리우스 13세는 1572년 교황에 즉위하였다. 그의 즉위와 함께 달력 개혁은 가속도를 얻게 되었다. 천문학자 단티는 당시 달력이 실제 춘분과 얼마나 차이가 나는가를 쉽게 설명해 보였다. 그는 교황을 바티칸의 사나선탑(四螺旋塔)으로 인도하였다. 이곳에는 오늘날 '달력 회당'으로 불리는 방이 있다. 각 방에는 밝은 날 정오가 되면 햇빛이 남쪽 벽의 구멍을 통하여 들어와 바닥에 그어져 있는 자오선(子午線)에 닿게 되어 있었다. 그때 그 차이는 너무나

• 코페르니쿠스가 지동설을 착안한 시기는 불분명하다. 그가 자신의 이론을 담은 저서 『천체의 회전에 관하여(*De revolutionibus orbium coelestium*)』를 집필한 것은 1530년 이전으로 보이지만 1543년 임종하는 자리에서 인쇄 견본을 전해 받았다. 그의 우려에도 불구하고 이 책은 출간 초에 그리 물의를 빚지 않았다. 내용을 이해할 수 있는 사람들이 많지 않았던 것이다. 이 책은 한참 후인 1616~1620년에야 '금서 목록(Index librorum prohibitorum)'에 오른다.

그림 20 그레고리우스 13세

커서 확연히 알 수 있을 정도였다.

1580년 9월 달력위원회는 교황에게 보내는 보고서에 서명하였다. 보고서에 담긴 내용은 이탈리아의 의사이자 천문학자 알로이시우스 릴리우스(Aloysius Lilius, 1510-?)•가 1576년에 제안한 개혁안을 거의 그대로 채택한 것이었다. 그레고리우스 13세는 이 보고서를 승인했고, 1582년 2월 24일 교황 칙서 「인터 그라비시마스 에로레스(Inter gravissimas errores)」••를 발표하였다. 이 교황 칙서는 다음과 같은 달력 개혁의 내용을 담고 있었다.

1 계절과 달력을 다시 일치시키기 위하여 (춘분이 다시 3월 21일이 될 수 있도록) 10일을 없앤다. 1582년 10월 4일 다음 날은 10월 15일이다(10월 14일이 되면 9일밖에 없어지지 않는다).

2 개선된 윤년의 규칙을 도입한다. 율리우스 달력에서 시행된 4년마다의 윤년은 그대로 둔다. 하지만 100년으로 나누어지는 해(1600년, 1700년, 1800년)에는 윤년이 없다. 그러나 400으로 나누어지는 해에는 다시 윤년을 둔다. 따라서 1700년, 1800년, 1900년에는 윤년이 없으나, 1600년과 2000년에는 윤년이 있다. 이로써 달력과 지구 공전과의 오차 발생은 지연될 수 있다.

3 요일을 중단없이 연속해서 진행한다. 따라서 1582년 10월 4일 목요일 다음 날은 10월 15일 금요일이 된다.

4 부활절 계산법이 바뀐다. 이것이 이 개혁의 핵심이다. '춘분 후 만월 다음의 일요일'이라는 니케아 종교회의의 결정은 그대로 유효하다. 하지만 계산법은 훨씬 정교해져서 부활절은 항상 3월 22일과 4월 25일 사이의 보름달 후 첫 번째 일요일이다.

제1장에서 1582년 10월 로마에서 열흘이 사라져 버린 영문 모를

• 이탈리아 식 이름은 루이기 질리오(Luigi Giglio). 그는 그의 달력 개혁안이 달력위원회에 제출되기 전에 이탈리아 시로 섬에서 병사하였고, 동생 안토니오 릴리우스(Antonio Lilius)가 대신 제출하였다.

•• 교황 칙서의 이름은 문서의 첫머리에 나오는 문구로 정한다. 이 문구를 번역하면 「중대한 우려에 관하여」이다.

사건에 대해 언급하였는데, 우리는 바로 이 칙서에서 그 직접적인 해답을 찾을 수 있는 것이다. 이 칙서에 따라 로마 인들은 1582년 10월 4일 목요일 밤에 잠들어 열흘을 건너뛰고 다음 날인 금요일 10월 15일 아침에 깨어날 수밖에 없었던 것이다.

4 그레고리우스 달력의 보급

교황청의 압력이 있었기 때문인지는 확실하지 않지만, 가톨릭 국가들에 그레고리우스의 개혁 달력이 보급되는 데에는 별 문제가 없었다. 프랑스에서는 1582년 12월 9일에서 바로 20일로 넘어갔으며, 홀란드와 플랑드르에서는 1582년 12월 21일 다음 날이 1583년 1월 1일이 되었다.

하지만 그 얼마 전에 종교개혁이 이루어진 개신교 국가들은 로마 교황청의 새로운 교리를 받아들이는 것이 자연스럽지 못한 상황이었다.• 이러한 단절 현상을 보다 못한 독일의 천문학자 요하네스 케플러는 비록 자신은 개신교도이지만 새로운 달력을 도입할 것을 주장하였다. 그는 1597년에 한 편지에서 다음과 같이 썼다. "도대체 우리가 속한 독일의 반쪽은 무엇을 하자는 것인가?

• 종교개혁 운동은 독일에서는 마르틴 루터(Martin Luther, 1483-1546)의 지도 아래 1517년부터, 스위스에서는 칼뱅(Jean Calvin, 1509-1564)의 지도 아래 1532년부터 시작되었다.

얼마나 더 오랫동안 전체 유럽으로부터 단절되어 있을 작정인가? 바이에른, 오스트리아, 슈타이어마르크와 모든 주교들, 그리고 이탈리아와 헝가리, 폴란드가 이미 새로운 달력을 받아들였다. 바다로 가로막힌 북쪽의 몇 왕국들만 아직 받아들이고 있지 않을 뿐이다. 우리는 무엇을 기대해야 하는가? 기계신•이 나타나서 복음의 빛으로 모든 정부를 비추어 줄 것을 기대하는가? 누가 감히 정부로 하여금 새로운 달력을 도입하도록 하라고 주장할 것인가? 우리가 새로운 달력을 받아들인다면 우리는 더 이상 유럽에서 단절된, 혼돈이 지배하는 작은 땅에 살고 있게 되지 않을 것이다. 우리는 옛 체계에 남아 있든지 그레고리우스 달력을 도입하든지 둘 중 하나를 결정해야만 한다."

그러나 달력 개혁의 논리적인 이유 같은 것은 상황 개선에 별 도움이 되지 못하였다. 개신교 지역에서는 율리우스 달력의 오류에도 불구하고 여전히 새로운 달력이 받아들여지지 않았다. 그래서 지역별로 두 개의 달력이 동시에 사용되자 일상생활과 특히 국제무역에서 대혼란이 생겼다. 서로 날짜가 달랐기 때문에 개신교 지역과 가톨릭 지역은 사회적으로뿐 아니라 경제적으로도 단절되는 현상이 나타났다.

• 원문은 "Deus ex machina". 주로 고전극(古典劇)에서 사용되는 개념으로, "갑자기 나타나서 실타래처럼 얽힌 문제를 해결해 주는 인물"을 말한다.

독일 개신교도의 저항

더 심각한 사태는 가톨릭 교도와 개신교도가 혼재하여 살고 있는 지역에서 나타났다. 로마의 달력을 따르는 가톨릭 가정에서는 2월에 이미 수난절(受難節)이 시작되었는데, 개신교도들은 성문 앞 광장에 모여 사육제(謝肉祭, 카니발)를 즐기고 있었다. 또 개신교도들은 부활절을 앞두고 금식을 하고 있는데, 가톨릭 교도들은 바로 옆 교회에서 기쁜 마음으로 부활절 예배를 드리거나 들판에 일을 나가는 경우가 생기기도 하였다. 독일에서는 이런 현상이 100년이 넘도록 계속되었다.

1697년 초 페르디난트(Ferdinand) 선제후는 강제로 그레고리우스 달력을 도입하였다. 율리우스 달력과의 차이를 보정하기 위해 그는 세족(洗足) 목요일•부터 부활절 후 일요일까지의 열흘을 없애 버렸다. 이에 따라 개신교도들에게 그해 부활절은 생략되었으며, 이들은 새로운 가톨릭 교회 축일을 따라야만 하였다.

하지만 위로부터의 개혁 수용이 일반 민중에까지 영향을 미치기는 쉬운 일이 아니다. 일상생활의 리듬을 바꾸게 하는 것은 그리 쉽지 않다. 우리나라에서도 우리 설을 쇠지 말고 양력설을 쇠라는 정부의 지침이 얼마나 큰 저항을 받았던가. 그리하여 다시 우리 설

• 세족(洗足) 목요일(Gründonnerstag)은 부활절 직전의 목요일로, 최후의 만찬 때에 그리스도가 제자들의 발을 씻겨 준 일을 기념하는 날이다. 이날에는 고해성사를 한다. 독일어 단어 중의 Grün은 중세 독일어에서 '운다'라는 뜻을 가진 'gronan'에서 왔으며, 초록색과는 아무런 관련이 없다.

이 명절로 제자리를 찾자 거의 모든 사람들이 즐거이 받아들이지 않았던가. 페르디난트 선제후는 시장(市長)들을 초청하여 새로운 달력을 설명하기도 하였으나 그들을 설득해 내지는 못하였다. 1680년경부터 개신교 지역에는 종교개혁에 대한 반동이 일어나기 시작했는데, 시민들은 그레고리우스 달력의 도입도 그 반동의 한 방편으로 보았다. 페르디난트 선제후에게는 개신교도로 남아 있을 것을 간청하는 많은 청원서들이 쏟아졌다.

하지만 선제후의 입장은 바뀌지 않았다. 그는 1698년 4월 시장인 로렌츠 권터와 유스투스 라이츠 그리고 열네 명의 시민을 샤인펠트로 초청한 다음 며칠 간 억류하면서 설득하려고 애를 썼지만, 그들은 여전히 요지부동이었다. 1698년 5월 25일 선제후는 최후통첩을 보냈다. 그런데 이 최후 통첩은 오히려 문제를 더 복잡하게 만들었다. 이를 계기로 달력 개혁은 지식과 종교 활동의 문제가 아니라 정치적 문제로 비화하게 된 것이다. 먼저 튀빙겐 대학에서 법적 투쟁이 시작되었다. 선제후는 벌금을 부과한 데 이어 시민 계급에 대한 무력 행동을 취하기 시작하였다. 튀빙겐 대학은 이에 대해 1698년 6월 18일 이른바 『튀빙겐의 응답』을 통하여 "달력에는 각종 교회의 축일이 정해져 있으므로 이의 도입은 경찰이 관여할 문제가 아니라 교회의 문제이다."라고 응답하였고, 선제후는 더욱 강력한 대응에 나섰다.

이 문제는 1698년 7월에는 레겐스부르크 제국의회에까지 가게 되었다. 게오르크 프리드리히(Georg Friedrich) 후작이 메테르니히

(Metternich) 백작에게 서한을 보내어 제국의회에서 이 문제를 다루어 줄 것을 부탁한 것이다. 외교적 교섭이 시작되었다. 마침내 1699년 9월 27일 개신교도들은 제국의회에서 약간의 제한을 둔 새로운 달력을 도입하는 것에 동의를 하였으며, 이에 따라 1700년 2월 18일 다음 날은 3월 1일이 되는 것으로 합의가 이루어졌다. 그 후 점차적으로 새 달력이 개신교도 지역으로 보급되었지만, 독일에서 완전히 받아들여진 것은 1775년에 이르러서였다.

모든 길은 다시 로마로

그레고리우스 달력 보급이 늦어진 데에는 종교적 갈등 외에도 학문적 문제를 경솔히 다룬 원인도 있었다. 교황 그레고리우스 13세는 칙서를 발표하면서 달력 개혁의 내용만 담았지 개혁의 과학적인 근거는 설명하지 않았던 것이다. 곧 새로운 달력을 비난하는 문건들이 쏟아져 나왔다. 그들은 가난한 농부의 인생에서 열흘을 훔쳐간 데 대해 분노하였고, 떠돌이 일꾼들은 자신들이 언제 다시 길을 떠나야 할지 혼란에 빠져 있다고 비난하였다.

1584년 독일 드레스덴에서는 『교황의 새로운 달력에 대한 두 마이센 농부의 짧은 대담』이라는 책이 출판되었다. 이 책에서 농부 메르텐과 베벨은 교황이 왜 달력을 개혁하였는가에 대하여 이렇게 주장하였다. "교황은 최후 심판의 날이 곧 올 것을 두려워한 나머지 달력을 고쳤다. 그는 새로운 달력으로 그리스도를 헷갈리게 하

1752년 9월						
일	월	화	수	목	금	토
		1	**2**	**14**	15	16
17	18	19	20	21	22	23
24	25	26	27	28	29	30

그림 21 1752년 9월 영국의 달력

고 있다. 이제 그리스도는 언제 최후의 심판을 해야 할지 모르게 되었으며 이로써 교황은 간악한 행위를 계속할 수 있게 되었다."

이러한 욕설에 가까운 비난뿐만 아니라 과학적인 문제 제기도 계속되었다. 이미 훌륭한 천문학적인 연대표가 있음에도 불구하고 부활절 계산을 옛 방식 그대로 한다는 데 대한 반대가 특히 많았다. 하지만 로마 교황청은 이에 대하여 방어를 하지도 않았고 설명을 해 주지도 않았다. 교황 칙서가 발표되고 20년이 지난 1603년에야 달력위원회의 위원이었던 클라비우스가 새로운 달력의 과학적 근거를 설명한 『교황 그레고리우스 13세의 달력 개혁에 대한 정확한 해설(*Explication Romani Calendarii a Gregorio XIII Pontifex Maximus restitui*)』을 출판하여 그레고리우스 달력의 이론적 근거를 제시하게 되었다.

새로운 달력은 유럽의 대세가 되었지만 보급은 매우 오랜 시간이 걸렸다. 영국에서는 1752년에야 새 달력을 받아들였는데, 이때는 10일이 아니라 11일을 버려야 하였다. 로마에서는 시행되지 않

나라	율리우스 달력에 따른 마지막 날	그레고리우스 달력에 따른 첫날	없앤 날수
로마(달력 개혁)	1582년 10월 4일	1582년 10월 15일	
이탈리아	1582년 10월 4일	1582년 10월 15일	
스페인/포르투갈	1582년 10월 4일	1582년 10월 15일	
폴란드	1582년 10월 4일	1582년 10월 15일	
프랑스	1582년 12월 9일	1582년 12월 20일	10일
네덜란드	1582년 12월 21일	1583년 1월 1일	
독일(가톨릭)	1583년 11월 4일	1583년 11월 15일	
오스트리아	1584년 1월 6일	1584년 1월 17일	
헝가리	1584년 1월 22일	1584년 2월 2일	
프로이센	1610년 8월 22일	1610년 9월 2일	10일
덴마크	1700년 2월 18일	1700년 3월 1일	
독일(개신교)	1700년 2월 18일	1700년 3월 1일	11일
영국(잉글랜드)	1752년 9월 2일	1752년 9월 14일	
스웨덴	1753년 2월 17일	1753년 3월 1일	
일본 음력	1872년 12월 2일*	1873년 1월 1일	12일
알바니아	1912년 12월 ?일	1913년 ?월 ?일	
중국(청)	1911년 12월 18일	1912년 1월 1일	
불가리아	1916년 3월 18일	1916년 4월 1일	
러시아	1919년 1월 31일	1919년 2월 14일	
유고	1919년 1월 14일	1919년 1월 28일	
루마니아	1919년 3월 31일	1919년 4월 14일	13일
그리스**	1923년 3월 9일	1923년 3월 23일	
터키	1926년 12월 18일	1927년 1월 1일	
중국(인민공화국)	-	1949년 10월 1일	
우리나라(대한제국)	음력 1895년 11월 16일*	1896년 1월 1일***	

* 우리나라와 일본은 율리우스 달력을 사용한 적이 없다.

** 출처에 따라 1924년이라는 설도 있다.

*** 고종은 양력 사용을 기념하기 위해 연호를 건양(建陽)이라 하였다.

표 13 각국의 그레고리우스 달력의 도입

은 1700년의 윤년을 영국인들은 행했기 때문이다(그림 21 참조). 영국인들은 로마인과 달리 1600년을 윤년으로 세었기 때문에 11일을 제하여야 했다.

점차 그레고리우스 달력은 전 세계적으로 가장 널리 쓰이는 공식 달력이 되었다. 19세기 후반부터는 거의 모든 나라에서 쓰였다(표 13 참조). 태양력의 원조라고 할 수 있는 이집트에는 1875년에, 태음태양력의 원조라고 할 수 있는 중국(청)에는 혁명가 쑨원(孫文)에 의하여 1912년에 도입되었다. 당시 중국 재계는 서방 세계와 교역의 편리를 도모하기 위하여 그레고리우스 달력을 도입하라고 새로 들어선 공화국 정부에 압력을 가하였던 것이다. 하지만 일반인들은 1930년 금지령이 내려질 때까지 고유의 옛 태음태양력을 그대로 사용하였다. 중국에서 그레고리우스 달력이 공식화된 것은 1949년에 이르러서인데, 이것은 전 세계에서 가장 늦게 받아들인 기록이다. 이에 앞서 터키에서는 1927년에 도입하였다.

역사상 가장 짧은 달

한편 그레고리우스의 새 달력이 보급되면서 옛 달력과의 근본적인 차이 때문에 갖가지 상황이 벌어지지 않을 수 없었다. 2월 30일이라는 진기한 날이 생기기도 하고, 한 달이 이틀인 달이 나오기도 하였다. 러시아에서는 10월 혁명 기념일이 11월에 거행될 수밖에 없는 기묘한 사태를 감수하기도 하였다.

스웨덴은 비교적 일찍 그레고리우스 달력을 받아들였지만 사라져야 할 열흘이 무엇을 뜻하는지를 정확히 모르고 있었다. 그래서 그레고리우스 달력을 도입하였다가 곧 다시 폐지하고 율리우스 달력으로 돌아갔다. 그러고는 다시 그레고리우스 달력을 도입하였는데, 이때에도 부활절은 다른 규칙에 따라 정하였다. 스웨덴에서는 1844년에야 부활절 규칙까지 포함한 온전한 그레고리우스 달력이 통용된다. 그 와중에 1712년에는 2월 30일이라는 진기한 날이 생기기도 하였다. 그러나 지난 밀레니엄 동안 2월 30일을 지내 본 사람들은 스웨덴 사람뿐만이 아니다. 스웨덴 인들은 2월 30일을 단 한 번밖에 경험하지 못하였지만 후에 러시아 인들은 이날을 10여 회나 겪게 된다(5장 '소비에트의 달력 개혁' 참조).

역사상 모든 달력에서 가장 짧은 달은 며칠이었을까? 정확히 2일이다. 때는 메이지(明治) 5년 12월. 당시 일본 천황은 유신(維新)을 단행하면서 그레고리우스 달력을 도입하였다. 따라서 메이지 5년 12월 2일 다음 날이 1873년 1월 1일이 되었으며, 메이지 5년 12월은 기네스북에 역사상 가장 짧은 달로 기록되었다.

러시아의 경우에는 차르와 정교회가 20세기에 들어서까지도 율리우스 달력을 고집하고 있었다. 러시아 옛 달력으로 1917년 2월 차르가 물러나고 임시 정부가 들어선 데 이어, 10월 25일(그레고리우스 달력으로는 11월 7일) 공산주의자 레닌(Lenin, 1870-1924)이 주도하는 볼셰비키 혁명 세력이 권력을 장악하였다. 레닌은 주저없이 서방 자본주의 국가들이 사용하고 있던 그레고리우스 달력을 도입하였다. 세계의 모든 문명국들이 조화 속에 있어야 한다고 생각했기 때문이다. 이때는 그레고리우스 13세의 칙령이 나온 때와는 시간적 차이가 많아, 없어져야 할 날이 13일로 늘어나 있었다. 러시아의 '10월' 혁명 기념식이 '11월' 7일에 거행된 까닭은 여기에 있다.

가장 정교한 달력

그리스도 1923년에야 새 달력을 도입하였으니 13일을 빼야 하였다. 그래서 옛 양식의 1923년 10월 1일은 새로운 양식의 10월 14일이 되었다. 여기서 '새로운 양식'이라고 하는 이유는 그리스 달력이 그레고리우스 달력과는 다른 약간 변형된 형태이기 때문이다. 그레고리우스 달력 개혁의 가장 큰 목적은 이미 자연 현상과는 크게 어긋나 있는 부활절을 다시 자연 현상과 일치시키는 것이었다. 그런데 그리스 정교회는 부활절만은 그대로 율리우스 달력을 고집하여 사용하고 있다. 또 윤년의 법칙도 달랐다. 정교회에서는 100으로 나누어지는 해를 9로 나누었을 때 나머지가 2 또는 6인 경우에만 윤년으로 삼았다.• 그래서 서기 2800년이 되면 그리스 정교회 달력과 그레고리우스 달력은 또다시 서로 달라진다.

그리스 정교회의 방식은 그레고리우스 달력보다 더 정교하다. 이 방식에 따르면 실제 태양의 움직임과는 불과 2초의 차이밖에

• 그레고리우스 달력에 따르면 100으로 나누어지는 해는 윤년이 아니지만 이 중 400으로도 나누어지는 해는 윤년이다. 따라서 2000년, 2400년, 2800년, 3200년, 3600년은 윤년이다. 하지만 그리스 정교회의 달력에 따르면 100으로 나누어지는 해는 윤년이 아니지만 이 중 9로 나누었을 때 나머지가 2 또는 6인 해는 윤년이다. 그러면 2000년, 2400년, 2900년, 3300년이 윤년이 된다.

달력	1년의 길이(a)	태양년과의 차이	주기 (b)	주기 중 날수 (a)×(b)	주기 중 윤일	1만 년 후 태양년과의 차이
고대 이집트	365	+0.2422	1	365	0	2422
율리우스	365.25	-0.0078	4	1461	1	78
그레고리우스 (현대)	365.2425	-0.0003	400	146097	97	3
그리스 정교회	365.2422222	+0.0000222	900	328718	218	0.222
그레고리우스 (교정)*	365.2421875	-0.0000125	3200	1168775	775	0.125
실제 태양년	365.2422	0	10000	3652422	2422	0

표 14 각 달력의 정확도 비교(* 3200년으로 나누어지는 해는 윤일이 없는 경우 – N. Heis의 제안)

생기지 않기 때문이다. 그리스 달력과 적도년 사이에 하루의 차이가 발생하기 위해서는 43,500년이 필요하다(표 14 참조). 따라서 세계 역사상 가장 정교한 달력이라는 명예는 과거 어느 문명의 것도 또 현대 문명의 것도 아닌 그리스 정교회의 것에 돌아가야 한다.

1997년 4월 시리아의 아레포에서 전 세계의 종교 지도자들이 모여 회의를 가졌다. 여기서 2001년부터는 그리스와 러시아의 동방정교회도 서방의 가톨릭과 개신교와 같은 날 부활절을 맞이하기로 합의를 보았다. 비록 그리스 정교회 달력이 결국 우위를 차지하지는 못하였지만 그레고리우스 달력을 한층 정교한 형태로 발전시키고자 했던 시도는 충분히 의미 있는 일이다.

5 정확히 365,237일

한 밀레니엄의 날수는 모두 같아야 한다는 것이 상식이다. 다시 말해서 지난 1000년기와 다음 1000년기의 날수는 똑같은 숫자이어야 할 것이다. 하지만 달력이 여러 번 개혁되는 과정에서 이러한 상식은 깨지고 말았다. 지난 밀레니엄에는 모두 며칠이나 있었을까? 그레고리우스 달력의 개혁 내용은 이미 설명되어 있으므로 이제 단순한 산수만 하면 된다.

365일 × 1000년 = 365,000일 - ①

2월 29일 = 247일 (1000 ÷ 4 = 250일, 250일 - 3일• = 247일) - ②

1582년에 없어진 = 10일 - ③

① + ② - ③ = 365,237일

이 값은 그레고리우스 달력을 1582년에 도입한 이탈리아나 1917년에야 도입한 러시아에서 모두 똑같다. 또 지난 밀레니엄을 1000년에서 1999년까지 보든지 1001년에서 2000년까지로 생각하든지 상관이 없다. 앞의 경우라면 1000년이, 뒤의 경우라면 2000년이 각각 윤년이기 때문이다.

• 지난 밀레니엄에서 100으로 나누어지므로 윤년이 아닌 해는 1700년, 1800년, 1900년 세 해밖에 없었다. 1500년까지는 아직 율리우스 달력이 쓰였기 때문에 윤년이었으며, 1600년과 2000년은 400으로 나누어지므로 윤년이다.

그렇다면 다음 밀레니엄은 며칠이 될까?

2월 29일 = (1000 ÷ 4) − (1000 ÷ 100) + 2 (2400년, 2800년)

= 242 -④

① + ④ = 365,242일

다음 밀레니엄은 지난 밀레니엄보다 5일 많은 365,242일이다. 다음 표(표 15)는 새 밀레니엄이 2001년부터 3000년까지라고 본 것이다. 2000년에 이미 새 천년이 시작된다는 우리 정부의 입장을 따른다면 각 밀레니엄에 있는 날수는 더 큰 차이를 보이게 된다. 첫 번째 밀레니엄은 겨우 999년밖에 안 되므로, 세 번째 밀레니엄보다 359일이나 적게 되는 것이다(표 16).

밀레니엄	시작	끝	날수
1. 밀레니엄	1년 1월 1일	1000년	12월 31일 365,250일; 1000년
2. 밀레니엄	1001년 1월 1일	2000년 12월 31일	365,237일; 1000년
3. 밀레니엄	2001년 1월 1일	3000년 12월 31일	365,242일; 1000년

표 15 밀레니엄의 시작과 끝 그리고 날수(천문학적 입장)

밀레니엄	시작	끝	날수
1. 밀레니엄	1년 1월 1일	999년 12월 31일	364,884일; 999년
2. 밀레니엄	1000년 1월 1일	1999년 12월 31일	365,237일; 1000년
3. 밀레니엄	2000년 1월 1일	2999년 12월 31일	365,243일; 1000년

표 16 밀레니엄의 시작과 끝 그리고 날수(정부 입장을 고려할 경우)

6 그레고리우스 개혁의 미스터리

율리우스 달력이 시행되었을 때부터 매년 11분 42초라는 오차가 쌓이고 있었다. 그래서 1582년 로마의 달력위원회가 달력 개혁안을 교황 그레고리우스 13세에게 올렸을 때는 달력상의 춘분이 천문학적인 춘분보다 열흘이나 지연되어 있었다(반올림을 고려한다면 당시 발생한 오차는 9.51일에서 10.49일 사이일 것이다). 그리고 이에 따라 같은 해 10월 4일 다음 날이 10월 15일이 되었다. 하지만 아무도 이 계산을 검토해 보지는 않았던 것 같다. 실제 차이는 13일이기 때문이다. 이제 우리가 직접 계산해 보도록 하자.

율리우스 달력에서의 1년	= 365.25000000일	①
실제 지구 공전 주기	= 365.24219879일	②
① − ②	= 0.00780121일	

율리우스 달력의 도입	= BC 45년	③
그레고리우스의 달력 개혁	= AD 1582년	④
③ ~ ④	= 1627년	
0.00780121 × 1627	= 12.69일	

계산은 분명히 옳다. 따라서 그레고리우스가 달력 개혁을 할 때 달력에서 10일을 지우는 게 아니라 13일을 지워야 옳았다. 그런데

열흘만 지우고도 천문학적인 현상과 일치시킬 수 있었다. 어떻게 된 것일까? 이에 대하여 몇 가지 가설을 세울 수 있다.

① 천문학적 1년이 우리가 알고 있는 것보다 훨씬 짧다.
② 카이사르와 그레고리우스 시대 사이에 지구 공전 궤도가 변하였다.
③ 카이사르와 그레고리우스 당시에 정한 춘분점이 서로 일치하지 않는다.
④ 카이사르와 그레고리우스 사이의 시간 간격이 역사가들이 주장하고 있는 1627년보다 300~400년 정도 짧다.

이 중 ①, ②, ③의 경우는 가능성이 희박하다. 천문학적 관찰도 거짓말을 하지 않고 산수도 거짓말을 하지 않는다. 그렇다면 혹시 역사가 거짓말을 한 것이 아닐까? 거짓말을 할 가능성을 따지면 상식적으로도 천문학이나 산수보다는 역사 쪽에 혐의가 간다. 그동안 역사는 약 300년 정도 더 부풀여진 것은 아닐까?

앞서 행한 계산으로부터 우리는 역사의 미궁에 빠져 있는 햇수를 계산해 낼 수 있다. 그레고리우스 달력 개혁 때 열흘을 제한 것으로 보아 당시 생긴 날짜의 오차는 최소 9.51일에서 최대 10.49일이다. 그런데 우리의 계산에 의하면 12.69일의 오차가 있었다. 따라서 그레고리우스와 우리의 계산과의 차이는 최소 2.20일에서 최대 3.18일이다. 율리우스 달력의 1년과 회귀년과의 차이는 0.00780121일이므로, 역사에서 발생한 오차는 2.20 ÷ 0.00780121

≒282년에서 3.18÷0.00780121≒407년이라고 볼 수 있다. 고쳐 말하면 율리우스가 달력을 개혁한 해부터 그레고리우스가 달력을 개혁한 때까지는 지금까지 알려져 있는 대로 1627년의 차이가 있는 것이 아니라 단지 1220~1345년의 차이만 있다는 것이다. 그렇다면 우리가 2000년이라고 알고 있는 해가 사실은 1593년에서 1718년 사이의 어느 해일 수도 있다는 것이다.•

• 독일의 재야 사학자인 헤르베르트 일리히(Herbert Illig)는 『누가 시계를 돌려 놓았는가?(*Wer hat an der Uhr gedreht?*)』(1999)에서 서양 역사는 270년 또는 297년이 더 더해졌다고 주장하고 있다. 그는 이미 1991년부터 자신이 펴내고 있는 역사학 잡지 『고대-근대-현대(*Vorzeit-Frühzeit-Gegenwart*)』와 『조작된 중세(*Der erfundene Mittelalter*)』(1996)라는 저서를 통해 자신의 주장을 일관되게 펴고 있다.
일리히와 비슷한 입장에 선 대표적인 저작들로는 우베 토퍼(Uwe Topper)의 『조작된 역사(*Erfundene Geschichte*)』(1999)와 빌헬름 캄마이어(Wilhelm Kammeier)의 『독일사의 변조(*Die Fälschung der deutschen Geschichte*)』(1935) 등이 있다. 한편 중부 독일의 공영 방송인 MDR은 지난 97년 2월 19일 "300년, 새빨간 거짓말?(300 Jahre erstunken und erlogen?)"이라는 다큐멘터리 프로그램을 방영하였는데, 이 방송에는 독일의 저명한 사학자들이 다수 참여하였다.

혁명과 달력

혁명가들은 모든 것을 바꾸고 싶어 한다. 묵은 땅을 갈아엎고 그 위로 그들의 이상(理想)이 강물처럼 거침없이 흐르기를 원한다. 이때 옛 지배자의 유산은 용납될 수 없다. 옛것은 새것의 반동(反動)일 수 있기 때문이다. 관념만 바뀌어서는 새 세상이 올 수 없다. 일상생활이 근본적으로 바뀌어야 하며, 모든 변화에는 상호 연관성이 있어야 하고 모순이 있어서는 안 된다.

일상생활에서 가장 중요한 것은 도량형이다. 동서양을 막론하고 권력을 안정시키는 데 필수적인 조건은 도량형의 정비였다. 그런데 양을 측정하는 단위는 일종의 사회적 약속이요 관습으로 굳어진 것이므로, 새로운 단위를 사용하는 데에는 많은 저항이 따른다(우리나라만 해도 여전히 고기나 마른 고추 따위를 '근'으로 사고 팔고 있지 않은가). 이러한 저항에도 불구하고 혁명가들이 새 정권을 세운 후 가장 먼저 시행하는 것이 단위의 통일이다. 그럼으로써 효율적으로 구세력의 기득권을 배제하고 혁명 정부의 권력을 강력하게 유지할 수 있기 때문이다. 무엇보다도 그래야만 조세와 수세의 형평성이 이루어진다. 이러한 도량형의 통일에 가장 성공한 혁명 그룹은 바로 1789년의 프랑스 혁명가들이었다. 그들이 제정한 미터법은 오늘날 전 세계적으로 통일된 도량형이 되어 있다.

사람들의 일상생활은 달력에 크게 의존하고 있다. 그래서 혁명가들은 달력도 새로운 세계관, 새로운 이상, 새로운 지배 체제에 맞게 뜯어고치고 싶어 한다. 그런데 도량형의 통일과는 달리 달력의 개혁에 성공한 혁명 그룹은 아직 나오지 않고 있다. 다만 그들의 과도한 혁명 의식에서 비롯된 여러 가지 달력 형태들만 역사 기록으로 남아 있을 뿐이다.

1 프랑스 혁명 달력

1789년 7월 14일 프랑스 파리에서는 분노한 군중들이 정치범들이 수감되어 있는 바스티유 감옥으로 몰려가 점령하였다. 절대적인 전제 군주를 밀어내고 시민이 정권을 차지함으로써 시민이 주인되는 민주주의의 신기원을 연 프랑스 시민 혁명의 상징적인 사건이었다. 왕족과 귀족 그리고 승려들의 권리만이 인정받는 이른바 앙시앙 레짐(ancien regime, 구 체제)의 모든 잔재를 사회 속에서 몰아

내자는 것이 프랑스 혁명가들의 목표였다. 그들은 당시 세계적 수준이었던 프랑스의 측정 기술과 아카데미 회원들이 사용을 주장한 10진법, 그리고 자신들의 공포 정치를 적절히 이용하여 미터·그램·리터로 대표되는 미터법을 제정하고 일상생활에서 쓰도록 하는 데 성공하였다.•

혁명가들은 미터법을 제정하는 한편으로 달력과 시간 배분의 개혁도 더불어 진행하였다. 달과 해, 날짜, 그리고 시간과 분의 분배도 개혁 대상에 오르게 된 것이다. 그들은 미터법이 10진법으로 되어 있듯이 시간과 달력도 역시 10진법에 기초해야 한다고 생각하고 있었다.

혁명의 성공은 새로운 종교를 탄생시켰다. 혁명가들은 이성(理性)이란 신을 믿었다. 그들은 생각하였다. "왕의 즉위에 따라 연호를 붙이는 방식과 같이 그리스도의 탄생에 따라 햇수를 세는 것 역시 이성적이지 못한 것은 마찬가지 아닌가? 모든 도량형을 10진법을 기초로 통일하였는데, 시간에는 도입 못할 이유가 무엇인가? 왜 우리의 축제가 200년 전 교황 그레고리우스가 내린 칙령에 따라서 정해져야 하는가? 새로운 시민 권력은 구 체제의 달력을 그대로 쓸 수 없다. 우리는 그것을 개선할 것인가? 아니다. 개선하는 정도

• 1801년부터 모든 토지 거래에는 미터법을 사용하여야 했지만, 상인·농부·측량사와 건축가들은 오랫동안 사용해 오던 단위를 버리지 않았다. 국가의 강제적 조치는 상용 단위와 공식 단위를 분리시켜서 오히려 일상생활에 혼란을 초래했다. 하지만 결국 미터법이 갖고 있는 보편성과 10진법의 편리함이라는 이점 때문에 미터법의 보급은 급속히 확산되었다. 1810년부터는 모든 기술 서적이 미터법에 따라 기술되기에 이른다.

에 그칠 것이 아니다. 완전히 새롭고 현대적인 그리고 과학적 현상과 걸맞은 달력을 만들어야 한다."

1792년 12월 국민의회에 달력 개혁을 위한 연구위원회가 구성되었고, 1793년 9월 14일 프리오 뒤퓌(Prior Dupuis)와 질베르 로미(Gilbert Rommer)가 연구 결과를 보고하였다. 그들의 보고는 자연과학적인 사실을 강조하는 것이었다. "시간에서도 새로운 기초 단위가 필요하다. 그런데 여기에는 어떤 미신적인 요소나 오해가 들어있어서도 안 되며 반드시 정확해야 한다." 이어서 10진법의 합리성을 설명한 다음, 달에 따라 28일부터 31일까지 뒤죽박죽인 달력의 기이한 월별 분배와 7일 주일 때문에 어느 한 날의 요일이 매달 그리고 매년 바뀌어야 한다는 기존 달력의 문제점을 지적하였다. 또 달의 이름이 가지는 문제점에 대해서도 거론하였다. 달의 이름은 신화적이거나 아니면 압제자의 이름을 딴 것이므로 마땅히 모두 개혁되어야 한다는 것이었다.

그들은 달의 새로운 이름을 제시하였는데, 모두 혁명과 관련이 있는 이름들이었다. 개혁(Régeneration), 집회(Réunion), 바스티유(Bastille), 인민(Peuple), 일치(Unité), 형제애(Fraternité), 자유(Liberté), 평등(Égalite), 정의(Justice) 등을 대안으로 내놓았던 것이다. 또 매달을 30일로 균등 분배하고 남는 360일 외의 나머지 5일에 대해서는 채용(Adoption), 산업(Industrie), 보답(Récompense), 부성(父性, Paternité), 노인(Vieillesse)이라는 이름을 붙였다.

하지만 국민의회는 이러한 제안을 거부하였다. 이에 따라 새로운 위원회가 구성되고, 시인이자 배우인 파브르 데글랑틴(Fabre d'Eglantine)이 위원장으로 선출되었다. 새 위원회의 임무는 달의 이름과 연말 마지막 5일의 이름을 새롭게 정하는 데 있었다.

자연과 역사의 일치

로베스피에르(Maxmillien Robespierres, 1758-1794)의 공포 정치가 절정에 달하며, 1793년 1월 21일에는 국왕 루이 16세(Louis XVI, 재위 1774-1792)가 단두대에서 처형되었다. 왕에 이어 왕비 마리 앙투와네트(Marie Antoinette)가 처형되기 11일 전인 1793년 10월 5일 국민회의가 소집되어 새 위원회가 제출한 완전히 새로운 시간 계산법을 통과시켰다. 이것은 오랜 세월 동안 사용되어 온 달력 체계를 극단적으로 바꾸어 놓는 것이었다. 중요한 내용은 다음과 같다.

1 1년은 가을에 낮과 밤의 길이가 같은 날, 즉 추분에 시작된다. 옛 달력으로는 9월 22일에 해당한다. 이날은 최대한 정확한 천문학적 측정을 토대로 정해진 것이다.

2 1년은 모두 30일씩 갖는 12달로 나눈다. 그 이름은 다음과 같다.

가을 1월: 포도 수확의 달(Vendémiaire, 방데미에르)

2월: 안개의 달(Brumaire, 브뤼메르)

3월: 서리의 달(Frimaire, 프리메르)

겨울　　4월: 눈의 달(Nivôse, 니보즈)

5월: 비의 달(Pluviôse, 플리뷔오즈)

6월: 바람의 달(Ventôse, 방토즈)

봄　　7월: 싹의 달(Germinal, 제르미날)

8월: 꽃의 달(Floréal, 플로레알)

9월: 풀의 달(Prairial, 프레리알)

여름　　10월: 추수의 달(Mseeidor, 메시도르)

11월: 더위의 달(Thermidor, 테르미도르)

12월: 열매의 달(Fructidor, 프뤽티도르)

3 나머지 5일은 프랑스 혁명 당시 혁명 세력의 이름을 따라 상퀼로티드(Sansculottide)라고 통칭한다.

4 윤년에는 여섯 번째 상퀼로티드를 추가한다. 윤년은 예전처럼 4년마다 오는 것이 아니라 불규칙적으로 정해지는데, 이것은 정확한 천문학적 관측을 통하여 새해 첫날, 즉 포도 수확의 달(방데미에르) 1일이 정확히 춘분이 되도록 하기 위함이다.•

5 주일(週日)은 폐지한다. 대신 10일로 구성된 데카드(décade)를 두고 요일 이름 대신 1요일, 2요일, 3요일…로 칭한다. 10요일은 휴일이다(이로써 어느 한 날의 요일은 항상 일정하게 되었다).

• 혁명 달력에 따른 윤년은 공화국 2년, 7년과 11년이었다. 그레고리우스 달력에 따르면 1793년, 1798년과 1802년에 해당한다. 물론 프랑스를 제외한 다른 나라들은 당연히 1792년, 1796년에 윤년을 세었다(1800년은 100으로 나누어지므로 윤년이 없는 해이다).

6 하루는 더 이상 24시간이 아니다. 자정부터 정오까지를 10개의 새로운 시간으로 나눈다. 매 시간은 더 이상 60분이 아니라 새로이 100분으로 나누며, 매 분은 새로이 100초로 나눈다.

7 그리스도 연호(AD)는 폐지한다. 연도는 혁명 봉기일(1792년 9월 22일)로부터 세어 나가며 '공화력(Les ans de la République francaise)'이라 칭한다.

마침 혁명 봉기일이 추분과 맞아떨어진 것은 위원회로서 더할 나위 없이 커다란 행운이었다. 위원들은 "자연과 역사가 일치하였다. 프랑스 국민의 대표자들이 시민적·정신적 평등을 선포한 바로 그 순간 낮과 밤의 평등이 하늘에 새겨졌다."라고 혁명 체제와 혁명 달력을 함께 선전하였다. 그들은 또 "시대는 역사를 향해 새로운 책을 펼쳐 보이고 있다. 바로 평등의 개념처럼 장엄하고 순수한 이 새로운 장정 속에서, 시대는 거듭나는 프랑스의 연대기를 새로운 끌로 새겨야 한다."라고 기염을 토하기도 하였다. 즉 역사의 장정을 가로막고 있던 역사의 상징, 그 굴종의 기념비인 옛 달력이 이제 새 시대의 도래와 자연의 지배를 증언하는 합리적인 달력으로 교체되었다는 것을 선포한 것이다.

상퀼로티드

혁명 당시 프랑스 귀족들은 무릎까지 오는 바지(퀼로디드)를 입고 그 아래는 긴 양말을 신었다. 반면에 평민들은 긴 바지를 입었다. 귀족들은 평민들을 '무릎바지를 입지 않은 놈들'이란 뜻으로 '상퀼로티드(sans=없는, Culottide=바지)'라고 깔보며 불렀다. 혁명의 주력은 주로 평민 출신들이었으므로 당연히 퀼로디드, 즉 무릎까지 오는 바지를 입지 않았다.

혁명은 모든 것을 바꾸었다. 하찮게 불리던 상퀼로티드가 이제는 자랑스러운 이름이 된 것이다. 혁명 달력의 마지막 5일은 각각 가치, 노동, 신념, 보답, 천재라는 이름을 가진 '상퀼로티드(Les Sansculottide)'라는 기간이 되었다. 마지막 5일째 날의 이름을 '천재'라고 한 것은 천재였지만 독재자였던 카이사르에 대한 경고의 의미가 있었다. 윤년에는 하루가 더 늘어나게 되는데 이날은 '혁명'이라고 불렀다. 한 달을 30일로 정하고 나머지 5일을 특별한 기간으로 정한 역사적인 사례를 우리는 이미 고대 이집트 달력의 에파고메네에서 살펴보았다(3장 '고대 이집트 달력' 참조). 이 에파고메네가 프랑스 혁명 달력의 상퀼로티드의 모범이 되었음은 두말할 나위가 없다.

상퀼로티드의 각 날에는 그 이름에 걸맞은 기회들이 있었다. 예를 들어 '신념'의 날에는 누구나 무엇에 대해서든 온갖 수단을 써서 자신의 신념을 밝힐 수가 있었다. 그러므로 이날은 사람에 따라 아주 흥겨운 날이기도 했고 끔찍한 날이기도 하였다. 사람들은 주로 혹독한 법률과 법정, 그리고 갖가지 의무를 부과하는 관청을 비꼬고 비판하였다. 하지만 국민회의는 혁명 달력에 대한 비판만은

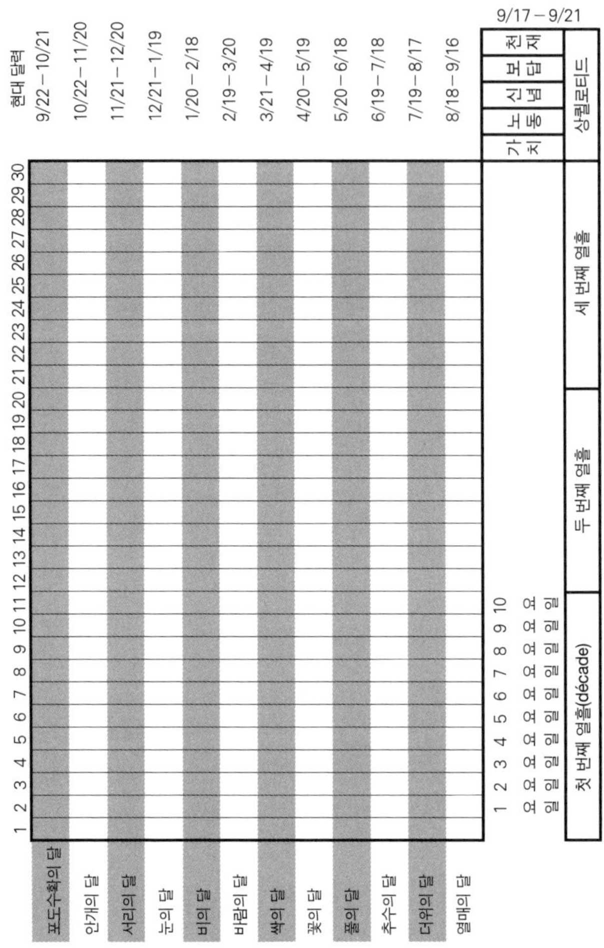

표 17 프랑스 혁명 달력(윤년에 오게 되는 여섯 번째 상퀼로티드의 이름은 '혁명')

금지시켰다. 혁명가들은 자신들이 만든 미터법과 함께 혁명 달력도 곧 전 세계로 퍼져 나갈 것을 확신하였을 것이다. 하지만 고대 이집트 사회에서 에파고메네가 당시의 축제와 맞물려 적절한 구실을 하였던 것과는 달리, 근대 사회에서는 오히려 생활의 리듬을 깨뜨리는 작용을 하였다.

문제는 바로 이름에서부터 생겼다. 비록 프랑스 혁명 세력에 대한 호칭에서 따온 것이기는 하지만, '무릎바지를 입지 않는 놈들'이란 말은 오랫동안 경멸조의 말로 굳어져 있어, 듣고 말하는 것부터가 상당히 거북했던 것이다. 그래서 '무릎바지를 입지 않는 놈들의 날', 즉 상퀼로티드는 공화국 3년 열매의 달 7일(1795년 8월 24일)에 '보충일'의 뜻을 갖는 '주 콩플레망테르(jour complementaires)'로 이름이 바뀌었다.

혁명 달력의 폐지

사실 프랑스 혁명 달력은 탄생 때부터 이미 실패의 단초를 안고 있었다. 우선 계절의 특성에 따른 달의 이름이 프랑스와 그 주변 지역을 벗어나면 계절 현상과 잘 들어맞지 않았다. 또 시간의 10진법화는 다른 나라와 정보를 교환하는 데 난점으로 작용하면서 실용화되지 못하다가 1795년에 그 사용이 유보되었다. 10진법 시간의 유보는 혁명 달력의 보급에 난관이 될 수밖에 없었다.

혁명 달력에서 가장 혁명적인 내용은 7일로 된 일주일의 폐지였다. 원래 7일을 주기로 이루어지는 사람들의 생활을 10일 단위의 새로운 주기에 맞추겠다는 계획은 7일 주기로 맞추어진 교회의 의례를 따르지 않음으로써 교회의 지배로부터 완전히 벗어나겠다는 혁명 정신을 반영한 것이기도 하였다. 그런데 7일 주일의 폐지에 대해 거세게 반발한 세력은 교회가 아니라 일반 대중들이었다. 그동안 6일 일하고 하루 쉬던 것이 9일 일하고 하루 쉬게 됨으로써 1년에 휴일이 52일에서 36일로 1/3 이상 줄어들고 말았으니, 도저히 그대로 받아들일 수는 없었던 것이다. 이러한 불만은 일반 대중만이 아니라 정부 관리들도 마찬가지였다.

새로운 달력 체계를 둘러싸고 프랑스 국민의회가 로마 교황청과 힘을 겨루고 있던 사이 혁명은 나폴레옹 보나파르트에 의해 무너지고 말았다. 나폴레옹은 공화국 13년 눈의 달 13일 (1806년 1월 1일)에 혁명 달력을 폐지하고 다시 그레고리우스 달력으로 돌아갔다.• 프랑스 인들은 안도하였다. 비록 혁명은 실패하였지만 일주일이 10일로 바뀌지 않고 7일로 그대로 남게 된 것은 얼마나 다행스러운 일인가!

2 이탈리아 파쇼 달력

로마의 건국 연대는 역사적인 근거는 희박하지만 BC 753년으로 공인되고 있다. 라틴 민족과 사비니 민족이 로마 건국과 관계가 있는데, 로마가 도시 국가의 체제를 갖추게 된 것은 기원전 6세기경

• 이때 폐지된 프랑스 혁명 달력은 파리 시민과 노동자들이 자치정부를 수립한 파리코뮌 때(1871년 3월 18일부터 5월 28일까지) 한 번 더 무대에 등장하게 된다.

에 이르러 에트루리아 민족의 지배가 시작되면서부터였다. 비록 얼마 안 있어 지도자 타르퀴니우스(Lucius Tarquinius Superbus, 재위 BC 534-BC 510)가 강력해진 로마 귀족과 군인들에 의해 추방됨으로써 에트루리아 인은 역사의 무대에서 사라졌지만, 그들의 풍습은 로마에 적지 않게 남게 되었다. 로마 건축의 특색으로 알려져 있는 아치가 에트루리아 인들에게서 배운 것이고, 개선 행렬이며 목숨을 건 검투사의 경기나 맹수와의 격투 등도 에트루리아 인들에게서 비롯된 것이다. 종교 면에서도 에트루리아 인의 영향은 지대하였다. 로마 인들은 신들이 사람들과 같은 모습을 한 것으로 생각하며 신상과 신전을 건설하는 그리스 식의 종교 관념을 그대로 받아들였던 것이다.

또 로마에서는 에트루리아의 관습에 따라 지체 높은 벼슬아치가 길거리를 지나갈 때 하급 관리가 여러 개의 몽둥이와 도끼를 묶은 '파스케스(fasces)'라는 것을 메고 앞서 가는 풍습이 있었다. 이 '파스케스'로부터 '단결'을 의미하는 '파쇼(fascio)'라는 말이 생겨났는데, 이 말이 훗날 베니토 무솔리니(Benito Mussolini, 1883-1945)가 등장하면서 '파시즘(fascism)'의 어원이 된다.

1922년 10월 28일 무솔리니는 유명한 로마 행진을 감행하였다(이때 그와 그의 추종자들은 파스케스를 들고 행진하였다). 이 행진은 마침내 그에게 이탈리아의 권력을 안겨 주었다. 원하던 권력을 잡은 무솔리니는 자신의 달력도 갖고 싶어 하였다. 그는 '파쇼'라는 새로운 연호(anno fascita, 간단히 a. fasc. 또는 AF)를 만들고 로마 행진일을 새해

그림 22 파시스트 의회 포스터
왼손에 파스케스를 들고 있다(1921).

의 첫날로 정하였다. 원년(元年, anno primo)은 1928년 10월 28일부터 1929년 10월 27일까지가 되었다.

하지만 새로운 달력을 접하게 된 신문을 비롯한 모든 출판물들은 파쇼 달력과 함께 그레고리우스 달력에 따른 날짜를 나란히 병기하였다. 그래서 다행히 사람들은 생활하는 데 별로 지장이 없었다. 파쇼 달력만 사용되도록 애썼던 무솔리니의 무수한 노력은 사람들의 비웃음만 샀을 뿐이었다. 파쇼 달력은 1943년 2차 대전 중 파쇼 권력이 무너지면서 조용히 역사에서 사라졌다. 파쇼의 시대는 정작 원조(元祖)의 나라에서는 무척 짧았던 것이다.

3 소비에트의 달력 개혁

20세기 혁명의 나라 소비에트 공화국에서도 달력을 둘러싸고 한바탕 소동이 벌어졌다. 1917년 볼셰비키 혁명 후 레닌은 차르와 정교회에 의해 유지되고 있던 율리우스 달력을 폐지하고 서방과 같이 그레고리우스 달력을 도입함으로써 서방 세계와의 조화를 꾀하였다. 달력에 대한 혁명가 레닌의 태도는 1789년 당시의 프랑스 혁명가들과는 매우 대조적이라고 할 수 있다.

하지만 과격한 달력 개혁이 마침내 1929년에 시행되었다. 개혁의 핵심은 "생산이 중단되지 않도록" 하는 데 있었다. 달리 말하자면 값비싼 기계를 7일마다 한 번씩 세워 놓고 놀릴 수는 없다는 것이었다. 소비에트 혁명 달력의 특징은 개혁 동기가 정치적이지도 않고 세계관과도 무관하며 천문학적 관측과는 더더욱 상관이 없다는 점이다. 오로지 경제적인 이유만으로 시행된 사상 최초이자 최후의 달력 개혁이라고 할 수 있다. 기독교 전통의 파괴라는 목적은 소비에트 사회에서는 별 문제될 것이 없었다. 모든 종교 의식과 축제의 철폐는 당시 소비에트 사회에서는 기본적인 사회적 합의 사항이었기 때문이다.[•]

• 종교에 대한 공산주의의 관점과 관련한 오해 한 가지. "종교는 인민의 아편이다."라는 말은 마르크스나 레닌이 하였을 것이라는 것이 일반적인 통념이다. 그러나 이 말은 1798년에 독일의 문인 노발리스(Novalis)가 한 것이다. 그는 "소위 그들의 종교라는 것은 아편과도 같이 허황된 것으로서, 자극적이며 마취성이 있고 허약함에서 오는 고통을 진정시킨다."라고 말하였다.
그 밖에도 우리가 마르크스·레닌 주의에 대해 언급할 때 흔히 인용하는 언명 중에는 실제로는 다른 사람들이 말하고 다른 뜻을 가지는 것들이 많다. 예를 들면 "노동자가

경제를 위한 달력 개혁

소비에트 달력 개혁의 요점은 토요일과 일요일을 폐지하고 일주일을 5일로 정한 것이다. 이로써 1년은 72주(72×5=360일), 한 달은 보통 6주가 되었으며, 1월 32일과 2월 30일도 생겼다. 또 나머지 5일은 고대 이집트의 에파고메네나 프랑스 혁명 달력의 상퀼로티드와는 달리 한꺼번에 모아 놓지 않고 다음과 같이 1년 중에 흩어져 있는 국경일로 삼았다.

1월 9일	: 1905년 페테르부르크 대학살 기념일
1월 21일	: 레닌 서거일
5월 1일	: 국제 노동절
10월 26일	: 10월 혁명 기념일
11월 7일	: 케렌스키[••] 탈출일

5일 시스템을 세련되고 일목요연하게 설명하기 위하여 고안한 방법은 5일을 각기 다른 색깔로 표현하는 것이었다. 국경일을 제외한 360일은 차례대로 노랑·주황·빨강·보라와 초록색으로 순서가 매겨졌다. 각 노동자들에게는 각기 한 가지의 색깔이 지정되

잃을 것이라고는 사슬밖에 없다."(장 폴 마라Jean-Paul Marat), "*전 세계 프롤레타리아여, 단결하라!*"(카를 슈나퍼Karl Schnapper), "*프롤레타리아 독재*"(블랑키Blanqui), "*능력에 따라 생산하고 필요에 따라 소비한다.*"(루이 블랑Louis Blanc) 등이다.

었다. 자신의 색깔이 되면 그날이 그 노동자의 휴일이 되었다. 마치 우리나라에서 교통난 때문에 시행되는 자동차 운행 10부제와 같은 것이다. 언제나 각 직장 노동자 중 20퍼센트는 쉬었지만 공장은 나머지 80퍼센트의 노동자들이 멈추지 않고 가동할 수 있었다.

하지만 경영자와 노동자 모두 이 방식에 반발하였다. 심각한 사회·정치적인 문제가 발생하였다. 노동자들이 전체 회합을 가질 수가 없었다는 것은 약과였다. 노동자들의 일가족이 다른 색깔로 지정될 수 있으므로 가정 생활마저 파괴되었던 것이다. 경영자들에게도 나름대로 문제가 있었다. 소비에트 사회에서 너무나 빈번하게 열려야만 하는 회의를 개최할 때 중요한 참석자들 중 그 누구에게도 휴일이 아닌 날을 찾기가 거의 불가능했던 것이다. 인민들의 반발에 직면한 독재자 스탈린(Josif Stalin, 1879-1953)은 이번에는 6일 주일 시스템으로 그 돌파구를 찾으려고 하였다(1931년 9월 1일 시행). 결정적으로 휴일 제도가 개선된 것인데, 새로운 색깔인 파랑색을

•• 케렌스키(Aleksandr Fyodorovich Kerenskii, 1881-1970). 러시아의 정치가. 1904년 상트 페테르부르크 대학을 졸업하고, 변호사가 되어 정치범으로 고발당한 혁명가들을 변호하는 정치 재판을 통해 명성을 얻었다. 온건 좌파인 근로당(Trudowiki) 당수이던 그는 제1차 세계 대전 때는 러시아의 참전을 지지하였다. 1917년 2월 혁명 당시에는 상트 페테르부르크 노동자·병사 대표 소비에트 부의장이 되어 대중 운동의 지도권을 놓고 국회의장 로장코와 쟁탈전을 벌였다. 임시정부에 법무 장관으로 들어갔고, 이어 육군 장관 겸 해군 장관, 7월 혁명 후에는 총리 겸 러시아 군 총사령관이 되었다. 내정에서는 온건 정책을, 외교에서는 연합국과 협조, 대 독일 전쟁 수행 정책을 취하였다. 그러나 결국 코르닐로프 반란을 유발시켜 사태를 수습하지 못하고, 10월 혁명 때 여자로 변장하여 가까스로 탈출, 전선의 카자흐 부대를 이끌고 수도 탈환을 꾀하였으나 실패하고 프랑스로 망명하였다. 1940년 이후 만년에는 미국에서 거주하면서 『회고록』을 집필하였다.

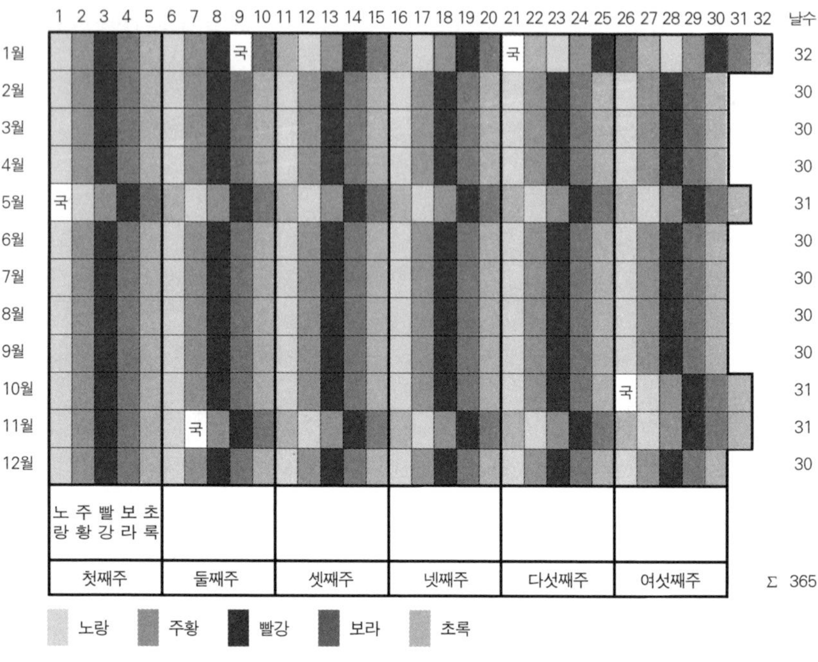

표 18 소비에트 혁명 달력 I (5일 주일 시스템)

여섯 번째 날에 배정하고, 이날을 전 인민의 공통적인 휴일이 되도록 하였다. 1년은 약 61주가 되었다. 요일 이름은 따로 없이 1요일, 2요일, 3요일…로 불렀다.

이 6일 시스템 달력은 소비에트 사회에서 별 저항 없이 8년 간이나 사용되었다. 우선 휴일 문제가 해결되었기 때문이기도 하지만, 그보다는 스탈린 시대의 사회 분위기가 저항을 용납하지 않았던 것이 더 큰 이유라고 할 수 있을 것이다. 하지만 국내에서와는 달리 국제 관계에서는 여전히 큰 불편이 있을 수밖에 없었다. 소비에

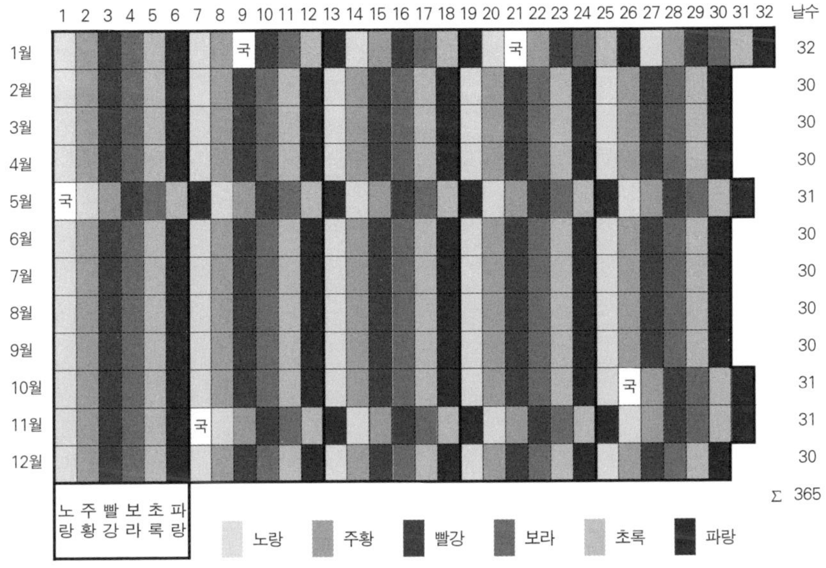

표 19 소비에트 혁명 달력 Ⅱ(6일 주일 시스템)

트 달력도 1940년에는 결국 폐지되고 다시 7일 주일 시스템인 그레고리우스 달력으로 돌아갔다. 이로써 소비에트는 다시 서방 세계와 달력에 있어서만큼은 조화를 이룰 수 있게 되었다.

이로써 권력을 쥐게 된 혁명가들의 모든 달력 개혁 시도는 실패로 끝나고 말았다. 하지만 그레고리우스 달력은 기본적으로 많은 문제점을 안고 있었다(8장 참조). 문제점이 남아 있는 한 새로운 달력을 만들고자 하는 노력을 그칠 수 없었다(9장 참조).

고대 문화권의 달력들

오늘날 전 세계는 모두 같은 달력을 사용하고 있다. 인종과 기후, 문화와 종교, 그리고 이데올로기가 다른 민족과 국가들이 같은 달력을 사용하게 된 이유는 무엇일까? 그것은 각 문화권이 가지고 있던 문제, 즉 '1년을 어떻게 나눌 것인가'라는 아주 복잡한 문제를 현대 달력이 해결하였다고 믿기 때문일 것이다. 우리는 3장과 4장에서 현대 달력의 역사와 구조를 살펴보았다. 여기서는 고대 중근동과 중미 지방의 달력들을 살펴보고자 한다. 고대 달력들의 체계와 사회적 배경을 이해함으로써 현대 달력의 특성을 새롭게 이해할 수 있을 것이다. 특히 중미 지방의 고대 달력은 다른 달력과는 차이나는 독특한 구조를 가지고 있어서 매우 흥미를 끈다.

1 수메르 달력

"누구든지 진리와 함께 걷는 자는 생명을 잃는다." —수메르 격언

유프라테스 강과 티그리스 강 사이의 땅으로부터 인류의 가장 오래된 달력 중 하나가 전해지고 있다. 약 5000년 전 이 곳에서 인류 문명의 새벽을 여는 수메르(Sumer) 문명이 활짝 꽃피었다. 수메르 인들은 자기 문화에 자부심이 대단해 자신들의 지역을 '문명화된 땅'이라고 불렀다.

수메르 인들은 도시의 원형을 만든 최초의 인류인데, 그들의 도시에는 상하수도 시설뿐만 아니라 수세식 화장실도 갖추어져 있었다. 그들은 문자를 창안하여 단순히 제의(祭儀)적인 기능을 넘어서 사회·경제적인 목적으로 사용하였고, 맥주와 바퀴 그리고 60진법을 발명하였다. 이집트 문명을 비롯하여 바빌로니아와 그리스 문명도 수메르의 영향을 받았으니, 가히 모든 서양 문명의 아버지라고 할 수 있다. 수메르는 기원전 2000년경 바빌로니아에 흡수되었다.

수메르 인들은 혼돈의 세계를 지배하던 카오스의 여신을 봄의 신이 물리침으로써 세계가 창조되었다고 믿었다. 그래서 그들은 봄이 시작되는 날을 새해의 첫날로 정하였다. 이때가 기원전 2600년경이다. 유프라테스 강과 티그리스 강 사이의 비옥한 땅에는 많은 사람들이 몰려들었고, 인구가 늘어나면서 식량 문제를 해결하기 위한 관개(灌漑) 사업이 필요하게 되었다. 관개 사업은 집단적인

노동을 필요로 하므로 언제 작업을 시작해야 할지를 모두가 알 수 있는 방법이 필요하였는데, 그것이 바로 달력이었다. 또 달력은 농사일 외에도 시장이 언제 서야 할지, 제사를 언제 드려야 신의 은총을 받을 수 있을지 하는 실용적이고 종교적인 문제를 해결하는 도구로도 사용될 수 있었다.

달을 숭배하던 수메르 인들은 달력을 만들면서 거의 모양이 변하지 않는 태양 대신 뚜렷이 모양이 변하는 달을 기준으로 삼았다. 한편 그들은 360일 동안에 신이 세상을 창조하였다고 믿었다. 토판(土版)으로 남아 있는 수메르 달력은 1년이 30일씩을 갖는 12달로 되어 있다. 불행히도 나머지 5일의 오차는 보정되지 못하였다. 당시 달력을 관장하는 제관들은 시간을 정확히 잴 수 있는 방법을 갖고 있지 못하였을 것이다. 그러면 1년을 12달로 정한 것은 무엇 때문일까. 그것은 60을 5로 나눌 때 생긴 몫이 12이기 때문이다.

수메르 인들은 비교적 어설픈 형태의 달력과는 달리 매우 발달된 숫자 체계를 갖고 있었는데, 바로 60진법이다. 60진법은 오늘날 시간 나누기, 원과 각도 계산에 사용되고 있다. 수메르 토판에서 발견된 11.28.47이라는 시간은 11 × 602 + 28 × 60 + 47 = 42,507초를 의미한다. 그렇다면 이들은 왜 이렇게 복잡한 진법을 사용하였을까? 이에 대해 프톨레마이오스(Cladius Ptolemaeus, 75?-160?)• 는 "60은 대부분의 낮은 숫자들, 즉 1, 2, 3, 4, 5, 6을 모두 약수로 가지기 때문"이라고 추측하였다.

숫자 체계와 관련하여 주목해야 할 사항은 당시에 이미 7이란 숫자가 특별한 의미를 가지고 있었다는 점이다. 기원전 2200년경 수메르의 전성 시대를 이룩한 구데아(Gudea) 왕을 기리는 신전은 '세계 일곱 부분의 집'이란 이름으로 불리었다. 그 이름답게 신전은 7층으로 건축되었으며, 신전에 안치된 생명의 나무는 7개의 가지를 가지고 각 가지마다 7개의 잎사귀가 달려 있었다. 이 7이란 숫자는 바빌로니아 시대에 이르러 달력 체계의 핵심적인 요소로 확립된다.

2 바빌로니아 달력

기원전 2000년경 셈 족의 아무르 사람들이 바빌론에 수도를 정하고 고(古) 바빌로니아 왕국을 세웠다. 그 후 6대 왕 함무라비(Hammurabi, 재위 BC 1792-BC 1750)는 메소포타미아를 통일하여 중앙집권 국가의 기초를 닦는 한편, 세계 최초의 성문법인 함무라비 법전을 편찬하였다. 이와 함께 그는 이 지역에서 사용되던 여러 형태의 달력도 통일하였다.

달의 모양과 운동에 따라 정해지는 태음력은 대부분(적어도 동양권에서는) 바빌로니아의 달력을 모델로 삼은 것이라고 할 수 있다. 바

• 알렉산드리아의 수학자·천문학자·지리학자. 그의 대표 저작으로 아라비아 어 역본으로 남아 있는 『알마게스트(*Almagest*)』에서, 천동설에 의한 천체 운동을 수학적으로 기술하였다. 그의 저작은 유럽에서는 15세기에 이르러서야 이해될 수 있었고, 그 기초 위에서 코페르니쿠스의 지동설이 탄생될 수 있었다. 고대 이집트의 달력을 개혁하여 1년을 365일로 정한 프톨레마이오스 3세(Ptolemmaios III Euergetes)와는 다른 인물이다.

	바빌론 달력	히브리 달력	현대 달력
1월	Nisanu	Nissan	3-4월
2월	Aiaru	Ijiar	4-5월
3월	Simanu	Siwan	5-6월
4월	Du'uzu	Tamus	6-7월
5월	Abu	Aw	7-8월
6월	Ululu	Eul	8-9월
윤달	Ululu Ⅱ		
7월	Taschritu	Tischri	9-10월
8월	Arah'samnu	(Mar-)chesschwan	10-11월
9월	Kislimu	Kislew	11-12월
10월	Tebetu	Tewet	12-1월
11월	Schabatu	Schwat	1-2월
12월	Adaru	Adar	2-3월
윤달	Adaru Ⅱ	Adarscheni	

표 20 바빌로니아 달력과 히브리 달력의 달 이름 비교

빌로니아 인들은 중요한 과학적 사실을 알고 있었다. 그것은 바로 한 달의 길이가 29.53일이라는 사실이다. 그래서 12달을 교대로 29일과 30일로 정하였다. 또 태양년과 차이가 나는 11일은 윤달을 두어서 보정하였다.

바빌로니아 달력은 후에 유대 달력의 모범이 된다. 바빌로니아 달력과 오늘날에도 사용되고 있는 히브리 달력의 달 이름을 비교해 보면, 양자의 관계가 명확하게 드러난다(표 20).

수메르 인들에게 마술적인 숫자였던 7은 바빌로니아 시대에도 그 영향이 지속되고 있었다. 바빌로니아의 계단형 피라미드인 지구라트(ziggurat)도 수메르의 구데아 신전과 마찬가지로 7층으로 건설되었다. 달력과 관련하여 무엇보다도 중요한 것은 60의 약수인 5일을 일주일로 삼았던 수메르의 전통에서 벗어나 7일 주일을 도입한 것이다. 이로써 바빌로니아 시대에 이르러 오늘날까지도 유지되는 12개월－1년과 7일－1주일의 체계가 확립되었다.

대부분의 고대 달력들과 마찬가지로 바빌로니아의 태음력에서도 1년은 봄에 시작된다. 봄은 농사에 매우 중요한 때이므로 제관들은 매년 새해의 시작을 정확히 정하여야 하였다. 그러자면 윤달의 도입이 불가피하였다. 결국 기원전 1700년경 제관들은 태양의 움직임과 달의 움직임을 함께 고려하여 1년을 때로 13개월로 하는 태음태양력을 만들 수 있었다.

그로부터 약 1000년이 지난 기원전 7세기에는 매달 7일, 14일, 21일과 28일은 불길한 날로서 될 수 있으면 일을 하지 않고 쉬는 전통이 생겼다. 이것은 '그믐⇒상현달⇒보름달⇒하현달'이라는 달의 모양 변화에 따른 주기인데, 이날은 로마 시대에도 휴일로 지정된다. 바로 오늘날의 7일 주일이 시작된 것이다. 바빌로니아 인들은 달의 움직임과 1년의 길이가 일치하지 않는 것은 신의 기분이 좋지 않기 때문이라고 믿었다. 하지만 신의 기분을 돌리기 위해서 그들이 할 수 있는 것이라고는 기도하고 제사 지내는 일밖에 다른 도리가 없었다.

한편 오랜 기간 달과 해의 움직임을 관찰해 온 바빌로니아의 제관들은 기원전 5세기경에 이르러 마침내 해와 달의 규칙적인 주기를 발견하였다. 해와 달의 움직임이 19년을 주기로 서로 일치된다는 사실을 알아낸 것이다. 태양이 19번 운행하는 동안에 달은 정확히 235번 운행하였다. 즉 태양력 19년은 태음력으로 235개월인 것이다. 이를 바탕으로 새로운 윤년 체계가 만들어졌다. 19년 안에 7달을 추가하는 방법이었다. 이 19년 7윤달 시스템은 유대 달력에 계승되어 오늘날까지 사용되고 있다.

3 그리스 달력

"… 고린도 사람이 10일이라 하는 날을 아테네 사람은 5일이라 하며,
다른 사람들은 8일이라고 합니다."

— 아리스토제노스(Aristoxenos)

서양 문명의 원류로 그리스를 꼽는 데 주저할 이유는 없다. 고대 그리스의 철학과 예술·문학으로부터 오늘날의 서양 문화가 나왔다. 하지만 시간 계산에서만큼은 전혀 그렇지 않다. 고대 그리스의 시간 계산법은 흑해 건너편에서 배워온 것이다. 그리스의 천문학자 메톤이 기원전 433년경에 발표한 메톤 주기(Metonic cycle)만해도 이미 바빌로니아에서 사용하던 19년 7윤달 시스템을 계승한 것일 뿐이다.

8년 주기 윤년 시스템

그리스는 도시국가로 구성되어 있었다. 그리스 인들의 시간 계산법은 도시국가마다 달랐다. 역사가 요세푸스 플라비우스(Josephus Plavius, 37?-94)•는 각각 120년과 115년이나 살았다는 철학자 탈레스(Thales, BC 624?-BC 546?)와 피타고라스(Pythagoras, BC 582?-BC 497?)의 수명을 예로 들었다. 탈레스의 수명이 이렇게 길어진 것은 그의 출생과 사망에 도시국가들의 서로 다른 시간 계산법이 사용되었기 때문이라는 것이다. 이러한 측면을 고려하면 그리스의 시간 체계나 달력에 대해서 논하기는 매우 어려워진다.

그러나 우리는 고대 올림픽을 기준으로 그리스의 시간 계산법에 다가가 볼 수 있다. 올림픽의 시작 시기에 대해서는 약 60년의 차이가 나는 여러 가지 설이 있으나, 보통 기원전 776년 여름이라고 보고 있다. 올림픽을 기준으로 본다면 탈레스는 120년이 아니라 78년을 살았으며, 피타고라스는 115년이 아니라 63년을 살았다는 계산이 나온다.

그리스 인들은 낮과 밤의 길이가 같은 춘분을 새해의 시작점으로 삼았다. 그들은 경험상 달의 모양이 바뀌는 주기(그믐⇒상현달⇒보름달⇒하현달⇒그믐)가 두 바퀴 도는데 59일이 걸리는 것을 알았다.

• 유대의 역사가. 예루살렘 제사장의 아들로 태어나서 바리새 인, 사두개 인, 에세네 인으로부터 교육을 받았다. 후에 로마 시민이 되었다. 유대 역사가 중 가장 중요한 인물로 꼽힌다. 주요 서서로는 『유대인 전쟁(*Bellum Judaicum*)』, 『유대 고사(古事)(*Antiquitates Judaicae*)』 등이 있다.

년	30일 달	29일 달	개월수	날수
1	6	6	12	354
2	6	6	12	354
3	7	6	13	384
4	6	6	12	354
5	6	6	12	354
6	7	6	13	384
7	6	6	12	354
8	7	6	13	384
		Σ	99	2922

2922 ÷ 8 = 365.25일 / 년 2922 ÷ 99 = 29.51515일 / 월

표 21 그리스의 8년 주기 윤년 시스템

그래서 한 달은 30일, 다음 달은 29일로 정하였다. 하지만 또 이 방법으로는 1년을 정확하게 나눌 수 없다는 것도 금방 알 수 있었다. 윤달이 필요하였다. 하지만 각 도시국가마다 윤달 시스템이 달라서 혼란이 불가피하였다.

한편 관청은 전혀 다른 달력을 사용하고 있었다. 기원전 약 500년경 아티카, 즉 아테네를 중심으로 하는 중부 그리스는 10개 지방으로 나뉘어 있었다. 각 지방에서 모인 500명의 장로들이 나라 일을 논하였는데, 이 중 50명씩이 돌아가면서 위원회를 구성하고 행정을 담당하였다. 이렇게 생긴 10개의 위원회가 1년을 나누어서 다스리다 보니 1년을 10달(1월~4월은 각 36일, 5~10월은 각 35일, 1년은 354일)로 나누게 되었다. 각종 증명서와 법령 그리고 채권의 날짜는 이 달력에 따라 기입되었다.

그리스 제관들은 공동으로 제사를 지낼 때마다 제사의 대상에게 올바른(철에 맞는) 과일을 바치기 위해서 계절과 달의 주기를 일치시

킬 수 있는 제물달력을 만들기로 하였다. 오랜 관찰 끝에 제관들은 기원전 500년경 5년의 평년과 3년의 윤년으로 구성된 8년 주기의 윤년 시스템을 발명하였다. 윤년은 세 번째와 여섯 번째, 여덟 번째 해였고, 이 해에는 13개월을 두었다. 한 번의 8년 주기에는 모두 99개월과 2,922일이 들어 있었는데, 그러면 1년은 365.25일로서 현대 달력의 365,2422일과 거의 일치하고 있었다.

하지만 한 달의 길이는 평균 29.51515일이 되어, 실제 달의 주기인 29.53059일과는 0.01544일 또는 22분의 차이가 생겼다. 따라서 8년 한 주기가 지나면 달의 실제 모양과 달력과는 1.53일의 차이가 생겼고, 10주기가 지나면 15일로 그 차이가 대폭 커졌다. 그래서 달력상으로는 보름달이 떠야 하는데 실제로는 달도 없는 캄캄한 밤을 맞아야만 했던 것이다.

메톤 주기 – 19년

그리스 사람들이 8년 주기 시스템의 이러한 부정확성을 몰랐는지 아니면 실생활에 별 지장이 없었기 때문인지는 모르지만, 이 시스템은 BC 433년경 천문학자 메톤이 획기적인 방법을 도입할 때까지 그대로 사용되고 있었다. 메톤의 측정에 따르면 1년은 365와 5/19일 (=365.2632일)이었다. 이를 바탕으로 그는 19년 주기를 만들었는데 이 메톤 주기에는 12개월 년이 다섯 번, 13개월 년이 일곱 번 있게 된다. 그리고 19년이 지나면 해의 날과 달의 주기가 다시

년	30일 달	29일 달	윤달	개월수	날수	날수
1, 2, 4, 6, 7, 9, 10, 12, 14, 15, 17, 18	6	6		12	354	× 12 = 4248
3, 8, 13, 19	6	6	31일	13	385	× 4 = 1540
5, 11, 16	7	6	30일	13	384	× 3 = 1152
		Σ		235		6940

표 22 메톤 주기 시스템 6940일 ÷ 19년 = 365.2631일/년

일치하게 되었다. 메톤의 계산을 (실제 측정값을 이용하여) 다시 식으로 써 보면 다음과 같다.

19년 = 19 × 365.2422 = 6939.6018일

6939.6018일 ÷ 29.53059 일/월 = 234.9971월 ≒ 235월

∴ 19년 = 235월

메톤 주기는 그 정확성에도 불구하고 그리스에서 널리 사용되지 않았다. 아마도 그 원인은 여러 도시국가들로 나뉘어 있던 그리스의 정치적 상황에서 찾을 수 있을 것이지만, 아테네 사람들이 메톤의 제안에 주의를 기울이지 않고 있는 동안 천문학자들은 메톤의 방법으로 날과 해를 세고 있었다.

메톤으로부터 100년이 지난 기원전 330년 칼리포스(Kallipos)는 이집트에서 오랫동안 사용되고 있던 방식대로 365.25일로 1년을 정하였다. 메톤 주기 4회 속에는 76년 또는 940개월이 있다. 메톤 주기에서 19년은 6,940일로 76년은 27,760일에 해당하는 데 비해, 칼리포스의 계산에 따르면 76년 × 365.25일 = 27,759일로 메

톤의 경우보다 하루가 적게 된다. 이번에는 달의 길이를 계산해 보자. 메톤 주기에 따르면 76년은 940개월이고 이것을 27,760일로 나누면 한 달의 길이는 29.53085일이 된다. 이것은 실제 값 29.53059와는 0.00256일의 차이가 나는데, 다시 말하면 메톤 주기를 따라서 76년이 지나면 실제 달의 운동과 달력과는 22초의 차이가 발생한다는 것을 뜻한다.

히파르코스 주기 – 304년

이 오차는 다시 200년이 지난 후에야 개선될 수 있었다. 히파르코스가 기원전 145년에 윤년 규칙을 다시 새롭게 한 것이다. 그는 실제 1년의 길이가 365.25일보다는 짧다는 것을 알고 있었다. 그는 메톤의 주기에 16을 곱한 304년을 새로운 주기로 삼고 전체 날수를 하루 줄였다.

304년 × 365.25일 – 1일 = 111,035일

111,035일 ÷ 304년 = 365.24267105263일

365.24267105263일 – 365.2421990740일 = 0.0045114523일

이 값은 실제 회귀년 365.2421990740일과는 불과 0.0045114523일 또는 6분 30초의 차이밖에 나지 않는다.

하지만 이러한 개선에도 불구하고 히파르코스의 성과는 그리스

에서 별다른 반향을 얻지 못하였다. 그리스 전체를 포괄할 수 있는 달력 시스템은 작동하지 않았고, 도시국가들은 여전히 각기 다른 윤년 시스템을 고집하고 있었다. 심지어 도시마다 달의 이름도 달리 쓰이고 있었다. 도시에 따라 2주 정도의 시간 차이가 발생하는 것은 결코 드문 현상이 아니었다. 아리스토텔레스(Aristoteles)의 제자들 중 한 사람인 아리스토제노스(Aristoxenos)가 "고린도(Korinth) 사람이 10일이라 하는 날을 아테네 사람은 5일이라 하며, 다른 사람들은 8일이라고 합니다."라고 말한 기록이 남아 있다.

4 유대 달력

창세기의 내용을 글자 그대로 받아들이는 데는 많은 무리가 있지만, 성서의 기록에서 고대 이스라엘 사람들의 달력 체계를 찾아본다면 노아의 홍수 때까지 이스라엘 사람들은 한 달이 모두 30일로 되어 있는 달력을 사용한 것 같다. 창세기의 다음 구절이 이러한 추정을 가능하게 해 준다.

> "노아가 육백 세 되던 해 둘째 달 곧 그달 열이렛 날이라. 그날에 큰 깊음의 샘들이 터지며 하늘의 창문이 열려…"(창세기 7장 11절) "물이 땅에서 물러가고 점점 물러가서 백 오십 일 후에 줄어들고 일곱째 달 곧 그 달 열이렛날에 방주가 아라랏 산에 머물렀으며" (창세기 8장 3~4절).

창세기에 따르면 홍수는 2월 17일에 시작되었고 방주는 그해 7월 17일에 아라랏 산에 머물렀는데, 그 간격이 150일이다. 150 ÷ 5 = 30. 즉 한 달의 길이가 정확히 30일로 계산된다. 또 이 방식은 홍수 시대 이후에도 계속된 것으로 보인다.

이상이 이집트 포로 생활 이전까지 이스라엘 사람들이 사용한 달력에 대한 단서의 전부이다. 하지만 이 달력의 전통도 이집트 포로 생활 동안에 끊기게 된다. 이스라엘 사람들이 이집트에 가게 된 것은 요셉의 이야기에서 알 수 있듯이 기근을 피하기 위해서였다. 이때가 기원전 1400년경으로 출애굽 200년 전이다.

출애굽 – 유대 달력의 시작점

유대 달력의 역사는 출애굽으로부터 시작된다. 하지만 히브리 인들이 이집트의 달력을 가지고 올 필요는 없었다. 왜냐하면 야훼가 그들에게 새로운 달력을 주었기 때문이다.

> "여호와께서 애굽 땅에서 모세와 아론에게 일러 말씀하시되 이달을 너희에게 달의 시작 곧 해의 첫달이 되게 하고…"(출애굽기 12장 1절).
>
> "아빕월 이날에 너희가 나왔으니"(출애굽기 13장 4절).

이에 따라서 고대 이스라엘 달력은 출애굽 14일 전에 시작하게 된다. 이때는 '이삭의 달' 또는 '수확의 달'• 이며 이날은 초승달이 떴다. 북 이집트와 이스라엘에서는 4월 중순부터 5월 중순 사이에 보리가 여문다. 초승달이 뜬 지 14번째 밤에, 즉 보름달이 떴을 때 이집트 탈출이 시작되었다. 이때를 기념하는 유대 명절이 바로 유월절이다.

이 시기에 달력의 기준이 되었던 것은 달의 운동이었다. "때를 가늠하도록 달을 지으시고, 해에게는 그 지는 때를 알려 주셨습니다" (시편 104편 19절, 표준새번역). 여러 가지 역사적 정황과 천문학적 계산에 따르면, 당시에 새로운 달이 시작된 것은 기원전 1244년 4월 24일 밤 10시이고 초승달이 처음 보인 것은 이틀 뒤인 4월 26일 초저녁이다. 따라서 새로운 달력은 기원전 1244년 4월 27일 금요일에 시작하게 된다. 40년간의 광야 생활 후 히브리 사람들은 약속의 땅 가나안에 들어가게 되지만 그들의 달력은 지속될 수가 없었다.

포로 이후 – 태음태양력

이스라엘의 달력에 가장 큰 영향을 끼친 것은 바빌로니아의 달력

- 모세 시대부터 포로기 이전까지의 달 이름은 몇 가지 예외적인 경우를 제외하고는 전해지고 있지 않다.

달	이름	뜻	성경에 나오는 곳
첫째 달	아빕(abib)	(보리) 이삭의 달, 수확의 달	출애굽기 12장 1절, 23장 15절, 34장 18절, 신명기 16장 1절
둘째 달	시브(ziw)	꽃의 달	열왕기상 6장 1절, 37절
일곱째 달	에다님(ethanim)	아직 강에 물이 흐르는 달	열왕기상 8장 2절
여덟째 달	불(bul)	큰 비가 내리는 달	열왕기상 6장 38절

이라고 할 수 있다. 신 바빌로니아의 2대 왕 네부카드네자르 2세(Nebuchad-nezzar II, 재위 BC 604-BC 562, 한글 성서에서는 느부갓네살)는 기원전 597년에 예루살렘을 공략하기 시작해 유대를 철저하게 파괴하고 유대인들을 바빌로니아에 강제 이주시켰다. 이런 예루살렘 성전의 파괴와 바빌로니아 포로 생활로 이스라엘의 고대 전통은 모두 중단되고 말았다. 기원전 537년까지 60년 동안의 포로 생활은 이스라엘 민족의 언어와 문자를 변화시켰을 뿐 아니라 그들의 시간 계산법도 바꾸게 하였다. 기원전 538년 바빌로니아가 페르시아의 키루스 2세(Cyrus II, 재위 BC 559-BC 529)에 멸망하면서 이스라엘 사람들은 다시 팔레스티나 지방으로 돌아갈 수 있었다.

팔레스티나 지방으로 돌아올 때 유대인들은 7일 주일 체계를 가진 바빌로니아의 태음력 달력을 가지고 왔다. 한편 그들에게 남아 있는 전통은 유월절뿐이었다. 유월절은 니산 월 15일에 지켜졌다. 보리 수확기에 시작되던 1년이 이제부터는 봄의 초승달과 함께 시작되었다.

유대 달력의 한 달은 바빌로니아와 마찬가지로 29일과 30일이라는 길이를 갖는다. 여기까지는 간단하고 명확하다. 유대인들은 이에 덧붙여 그들의 신앙에서 중요한 의미를 갖는 숫자와 태양의 움직임을 반영하고자 시도하였고, 그 결과 매우 복잡한 달력이 탄생되었다. 달의 움직임에 따르면서 태양의 운행과도 일치시키려다 보니 바빌로니아의 태음력과는 다른 태음태양력이 생긴 것이다.

유대 달력에서는 12개월의 평년과 13개월의 윤년이 교대로 나

달 이름	현대 달력	평년			윤년		
		단축년	정상년	연장년	단축년	정상년	연장년
1. 티셰리(Tischeri)	9-10월	30	30	30	30	30	30
2. 마르셰샨(Marcheschan)	10-11월	29	29	30	29	29	30
3. 키스레브(Kisslew)	11-12월	29	30	30	29	30	30
4. 테베트(Tewet)	12-1월	29	29	29	29	29	29
5. 슈바트(Schwat)	1-2월	30	30	30	30	30	30
6. 아다르(Adar)	2-3월	29	29	29	30	30	30
윤달 (Adar Ⅱ)		-	-	-	29	29	29
7. 니산(Nissan)	3-4월	30	30	30	30	30	30
8. 이야르(Ijar)	4-5월	29	29	29	29	29	29
9. 시반(Siwan)	5-6월	30	30	30	30	30	30
10. 타무스(Tammus)	6-7월	29	29	29	29	29	29
11. 아브(Aw)	7-8월	30	30	30	30	30	30
12. 에울(Eul)	8-9월	29	29	29	29	29	29
Σ		353	354	355	383	384	385

표 23 유대 달력의 구조

타나게 되었다. 그런데 여기에 다섯 가지 예외 규정이 있었다. 예를 들면 가을에 시작되는 새해의 첫날은 일요일이나 수요일 또는 금요일이 되어서는 안 되며, 이런 경우가 되면 새해는 하루 늦게 시작되어야 한다는 것 등이다. 이런 규정 때문에 1년의 길이는 모두 여섯 가지나 되었다(표 23 참조).

하루의 시작은 해가 진 다음에 시작하는데, 이때 사람들이 보기에 중간 크기의 별이 최소한 세 개는 보여야 한다. 또 일주일은 금요일 저녁 6시에 시작되는데 이날은 사바트(Sabbat, Schabatt)라고 부르며 공휴일이다. 한 달은 4주 더하기 하루 또는 이틀 동안 계속된다. 달이 시작될 때 초승달이 보이는 시점에 따라 반일(半日)이 더해지기도 하고 빠지기도 한다.

천지창조 – BC 3761년에

12세기 이후의 유대 달력에 따르면, 세계는 정확히 기원전 3761년 10월 7일에 창조되었고 이날부터 날짜가 시작되었다고 한다. 계산은 비교적 간단하다(아래 계산에서는 3760년이 나오지만 0년이 없으므로 기원전 3761년이라는 결과가 나온다).

아담부터 출애굽(히브리 사람들의 이집트로부터의 탈출)까지	2448년
출애굽부터 티투스(Titus)에 의한 예루살렘 함락까지	+ 1380년
예루살렘 함락은 AD 68년*	– 68년
Σ	3760년

*히브리 달력은 이때를 AD 68년이라고 가정하고 시작하였지만, 역사가들의 계산에 따르면 AD 70년이 옳다.

우리가 사용하고 있는 연도로부터 유대력의 연도를 계산하려 할 때는 그 날짜가 1월(January) 1일과 에울(Eul, 8–9월) 29일 사이에 있는지, 또는 티셰리(Tischeri, 9–10월) 1일과 12월(December) 31일 사이에 있는지를 구별하여야 한다. 첫 번째 경우라면 서기 연도에 3760을 더하면 되고, 두 번째 경우에는 3761년을 더해야 한다.

5 모슬렘 달력

마호메트는 AD 622년 메디나를 향해 메카를 떠났다. 메카 사람들이 더 이상 선지자 마호메트의 말을 믿지 않았고 그에게 도시를 떠날 것을 강요하였기 때문이다. 마호메트에 대한 메카 반대자들의 주된 이유는 마호메트의 교리를 수락할 경우 발생하리라 예상되는 정치 경제적 영향 때문이었다. 마호메트는 내세에 궁극적 가치를 둠으로써 현세적인 것을 상대화하였으며 부(富)의 절대적 가치를 부정하고 신앙과 선행을 강조하였다. 그의 종교적 개인주의는 부족 집단주의와 정면으로 대립하게 되었고, 그의 내세주의(來世主義)는 아랍 부족의 현세주의를 부정하며 지상의 모든 권위를 상대화하였다. 그러므로 대상인(大商人) 층을 정점으로 하고 있는 메카 사회 체제의 기반을 허물어뜨릴 가능성이 있다고 판단되었던 것이다.

마호메트의 뒤를 이어 이슬람의 지도자가 된 칼리프 오마르 1세(Kalif Omar I, 634-644)는 마호메트가 메디나를 떠난 날부터 모슬렘 달력•의 기원(紀元)인 히즈라(또는 헤지라Hegira, 이주移住라는 뜻, 聖遷)를 세기 시작하였다. 모슬렘 달력은 첫달인 무하람(Muharram, 표 24 참조)의 신월과 함께 시작되었는데, 그때가 622년 7월 15일 목요일이었다.•• 하지만 유대인이나 대부분의 소아시아 지역의 경우와 마

• 아랍 인들은 자신들의 달력을 '모슬렘 달력(Muslim Calendar)'이라고 부르며, 미국의 책들도 그렇게 기술하고 있다. 그에 비해서 유럽에서 발간된 책들에는 '이슬람 달력' 또는 '마호메트교 달력'으로 기술되어 있는 것이 보통이다. 조선 시대에는 '회회력(回回曆)'이라고 불렀다.

찬가지로 모슬렘(이슬람 교도)들에게도 하루는 저녁에 시작되었으며, 한 달은 초승달이 비추었을 때 시작되었다. 그래서 모슬렘 달력은 622년 7월 16일 금요일을 기원으로 삼게 되었다. 632년 칼리프 오마르 1세는 이제까지 사용되던 여러 가지 태양력과 태음력을 모두 폐지하고 모슬렘 달력을 시행토록 하였다. 이때는 마호메트가 죽기 두 달 전이었다. 천문학자들의 계산에 따르면 신월(사람들은 아직 볼 수 없다)은 622년 7월 14일 새벽 4시 44분(±1시간)에 떴으며 사람들이 볼 수 있는 초승달은 7월 16일에 떴다.

순수한 태음력

> "엿새 동안 천지를 지으신 알라만이 너희의 주(主)니라. 그는 낮을 비추기 위해 해를 지으셨고 밤을 밝히기 위해 달을 지으셨으며 이를 정확히 두셨으니, 너희가 이 달로 인해 해(年)를 알 것이며 때를 정확히 셈할 수 있으리라. 진실로 알라께서 이 모든 것을 지으셨도다. 그리하여 자신의 표징을 사람들에게 뚜렷이 나타내셨도다"(『코란』 10장 3~6절).

모슬렘의 경전인 『코란』에 있는 이 성구는 모슬렘 달력의 구성을 잘 설명해 주고 있다. 8~9세기에 완성된 모슬렘 달력은 오로지 달의 운동만을 기준으로 삼았다. 태양은 전혀 염두에 두지 않은 순수

•• 역사가들의 연구에 따르면 마호메트가 실제로 메카를 떠난 날은 그해 9월 24일이다.

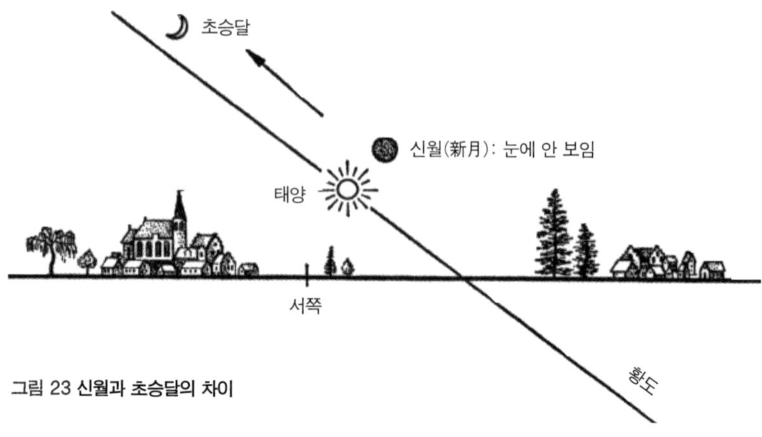

그림 23 신월과 초승달의 차이

한 태음력은 모슬렘 달력뿐이라고 할 것이다.

모슬렘 달력의 모든 달은 신월로 시작된다. 하지만 사람들이 이 신월을 볼 수는 없다. 왜냐하면 신월은 태양 가까이 떠 있기 때문이다. 2~3일이 지나면 초승달을 볼 수 있게 되지만 이 가는 초승달이 뜬 시점을 정확히 측정하는 것이 불가능하므로, 모슬렘 달력에서는 육안에 보이지는 않지만 실재하는 신월을 기준으로 달을 정하였다. 모슬렘 달력도 다른 태음력들과 마찬가지로 1년은 354일로서, 29일 또는 30일을 갖는 12달로 되어 있다.

윤월 없는 태음력

아랍 세계가 확대되고 전 세계에 더 많은 신도가 생길수록 모슬렘들은 자신들의 달력이 비실용적이라는 사실을 깨닫게 되었다. 무엇보다도 달이 시작될 때마다 실제로 초승달이 떴는지를 확인하지 않으면 안 되었다. 모슬렘 천문학자들도 윤년의 규칙을 만들기는 하였지만, 그것은 다른 달력들과는 달리 태양의 움직임은 전혀 고려하지 않은 것이었다.

평년의 실제 길이 = 12달 × 29일 8시간 44분 = 354일 8시간 48분

달력과의 차이 = 354일 8시간 48분 − 354일 = 8시간 48분

8시간 48분 × 30년 = 264 시간 = 11일

30년이 지나면 실제 달의 움직임과 달력과의 차이는 11일에 이르게 되었다. 모슬렘 천문학자들은 이 차이를 보정하기 위하여 30년 동안 355일을 갖는 윤년을 11번 넣기로 하였다.• 또 이 윤일은

월	달 이름	날수
1월	무하람(Muharram)	30일
2월	사파르(Safar)	29일
3월	레비 알-아웰(Rebi al-Awwel)	30일
4월	레비 알-아쉬르(Rebi al-Achir)	29일
5월	드셰마디 알-우라(Dschemadi al-Ula)	30일
6월	드셰마디 알-아쉬라(Dschemadi al-Achira)	29일
7월	라트샤브(Radschab)	30일
8월	샤반(Schaban)	29일
9월	라마단(Ramadan)	30일
10월	샤왈(Schawwal)	29일
11월	드술-카다(Dsu'l-Kada)	30일
12월	드술-히드샤(Dsu'l-Hiddscha)	29일(윤년-30일)

표 24 모슬렘 달력

마지막 달인 드술-히드샤(Dsu'l-Hiddscha)의 끝에 두었다. 이로써 태양의 움직임과 계절의 변화에는 아랑곳하지 않는 순수한 태음력이 만들어진 것이다.

모슬렘 달력으로 30년이 지나도 신월과의 차이는 겨우 0.012일에 불과하다. 하루의 오차가 발생하는 데는 2500년이나 걸린다. 그러면 이처럼 월등히 정확한 모슬렘의 태음력이 율리우스 달력보다 아무런 장점을 갖지 못하는 것은 어떤 이유 때문일까? 그것은 바로 그들의 달력이 계절과는 무관하기 때문에 계절에 대한 어떠한 정보도 주지 못한다는 것이다. 그렇다면 왜 모슬렘들은 이런 의미 없는 달력을 사용하게 되었을까? 그 이유는 코란에 들어 있다.

> "성스러운 달을 다른 달로 옮기는 짓••은 믿지 않는 자들의 장식물이라. 믿지 않는 자들은 착각에 빠져 있다. 그들은 알라께서 거룩하게 하신 달의 수와 맞추는 것을 어느 해에는 허락하고 또 다른 해에는 금지하나니, 그들의 행위에 합당한 화(禍)가 있을진저, 이는 알라께서는 믿지 않는 민족을 인도하시지 않음이니라"(『코란』 9장 37절).

모슬렘 달력은 오늘날에도 여전히 이슬람 세계에서 사용되고 있다. 하지만 이 달력은 종교와 명절에 관련되어서 사용될 뿐이고, 관

• 2, 5, 7, 10, 13, 16, 18, 21, 24, 26, 29년째 해가 윤년이다.

•• 무하람(Muharram) 월을 사파르(Safar) 월로 옮기는 일, 즉 윤달을 추가하여 1월인 무하람이 한 달 뒤에 오게 되는 것을 말한다.

청과 일상생활에서는 서양의 그레고리우스 달력이 사용되고 있다.

6 마야와 아즈텍 달력

고대 문명과 관련하여 널리 퍼져 있는 오해 두 가지가 있다. 하나는 "세계에서 가장 큰 피라미드는 당연히 이집트에 있다."라는 것이고, 다른 하나는 "마야(Maya)와 아즈텍(Aztec) 문명은 이집트 문명만큼이나 오랜 문명일 것이다."라는 것이다.

세계에서 가장 큰 피라미드는 이집트에 있지 않고 멕시코시티로부터 남동쪽으로 약 100킬로미터쯤 떨어진 홀룰라 데 리바다비아라는 곳에 있다. 이 피라미드는 밑면적이 18만 평방미터, 높이는 54미터이며 부피는 자그마치 330만 입방미터에 이르는데, 이것은 이집트에서 가장 큰 키옵스(Cheops) 피라미드에 비해 거의 1백만 입방미터나 큰 것이다. 이 피라미드는 아즈텍 신에 대한 경배물로 밝혀졌다. 그런데 이 피라미드의 존재 때문에 오늘날의 과테말라와 멕시코 남동부 일대에서 번영한 마야와 아즈텍 문명도 고대 이집트 문명과 거의 같은 시기에 존재했을 것이라는 선입견이 나오기 쉽다. 하지만 실제로는 훨씬 후대의 문명이고 이 피라미드도 기원후 2~6세기에 건축된 것으로 추정하고 있다.

달력으로 말하자면 우리가 논하고 있는 여러 가지 달력 시스템 중에서 마야와 아즈텍의 달력이 가장 복잡하다. 누가 이 복잡한 체계를 만들었을까? 과연 우리가 이 복잡한 시스템을 이해할 수 있을까? 다행히도 마야와 아즈텍 사람들은 그들의 달력을 문자가 아닌 그림으로 표현해 놓았다. 우리는 그 그림을 통하여 그들의 시스템을 명확히 이해할 수 있다.

마야 달력은 다음 세 가지 시스템으로 구성되어 있다.

1 촐킨(tzolkin): '날짜 세기'라는 뜻으로 260일로 구성된 종교 달력.

2 하압(haab): 365일짜리 태양력으로 농사와 일상생활을 위한 달력.

3 긴 세월 세기: 세계 창조일부터 차례대로 세어 나가는 방식.

종교 달력 촐킨

마야는 종교가 지배한 문명이었다. 여러 신과 귀신들이 마야 인들의 생활 구석구석에 영향을 미쳤으며, 신들과 교통하는 제사장들이 그들의 생명과 죽음을 주관하는 절대적인 지배자였다. 그리고 그들의 1년은 우상에 따라서 촐킨(tzolkin)이라는 260일로 나뉘어 있었다.

촐킨에는 1에서 13까지의 마술적인 숫자와 결합된 스무 가지 신의 이름이 들어 있다. 스무 가지 신의 이름과 13까지의 숫자의 결합은 우리나라의 60갑자의 결합 방법과 같다(7장 '태음태양력' 참조). 즉 '1 이믹스(imix), 2 익(ik), 3 악발(akbal), … , 13 벤(ben)'까지 간 후 다시 '1 익스(ix), 2 멘(men), …' 하는 식이다. 이와 같은 방법으로 1년 260일에 모두 다른 이름을 줄 수 있었다. 그들이 사용한 숫

1	2	3	4	5	6	7	8	9	10	11	12	13	14	15	16	17	18	19	20	
이믹스	익	악발	칸	칙찬	시미	마닉	라마트	무룩	옥	추엔	엡	벤	익스	멘	십	카반	에스납	카우악	아하우	날수
1	2	3	4	5	6	7	8	9	10	11	12	13	1	2	3	4	5	6	7	20
8	9	10	11	12	13	1	2	3	4	5	6	7	8	9	10	11	12	13	1	20
2	3	4	5	6	7	8	9	10	11	12	13	1	2	3	4	5	6	7	8	20
9	10	11	12	13	1	2	3	4	5	6	7	8	9	10	11	12	13	1	2	20
3	4	5	6	7	8	9	10	11	12	13	1	2	3	4	5	6	7	8	9	20
10	11	12	13	1	2	3	4	5	6	7	8	9	10	11	12	13	1	2	3	20
4	5	6	7	8	9	10	11	12	13	1	2	3	4	5	6	7	8	9	10	20
11	12	13	1	2	3	4	5	6	7	8	9	10	11	12	13	1	2	3	4	20
5	6	7	8	9	10	11	12	13	1	2	3	4	5	6	7	8	9	10	11	20
12	13	1	2	3	4	5	6	7	8	9	10	11	12	13	1	2	3	4	5	20
6	7	8	9	10	11	12	13	1	2	3	4	5	6	7	8	9	10	11	12	20
13	1	2	3	4	5	6	7	8	9	10	11	12	13	1	2	3	4	5	6	20
7	8	9	10	11	12	13	1	2	3	4	5	6	7	8	9	10	11	12	13	20
																			Σ	260

표 25 마야의 종교 달력 - 촐킨

자는 1부터 4까지는 점의 개수로, 5는 세로 선으로 나타내었다. 13은 아래 그림과 같다. 위의 표(표 25)와 다음 그림(그림 24)은 이것을 좀더 명확하게 보여 준다.

그림(그림 24)에서 보듯이 스무 가지 신의 형상은 각기 다르다. 이 신들의 형상은 시대에 따라 각기 조금씩 다르게 표현되어 있어서 해석을 하기가 무척 어렵다.

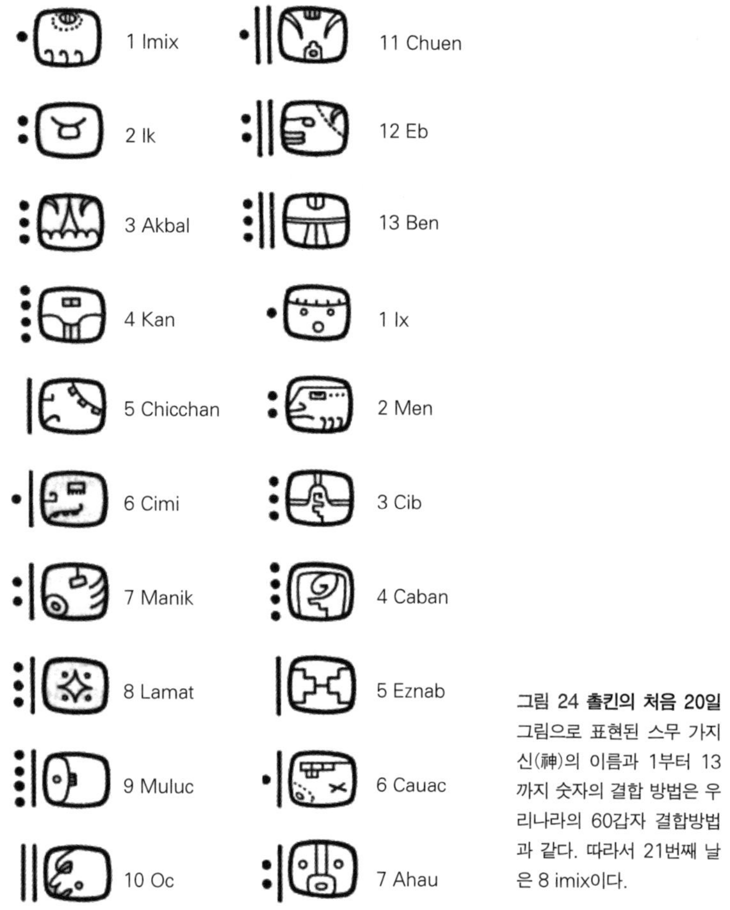

그림 24 촐킨의 처음 20일 그림으로 표현된 스무 가지 신(神)의 이름과 1부터 13까지 숫자의 결합 방법은 우리나라의 60갑자 결합방법과 같다. 따라서 21번째 날은 8 imix이다.

촐킨은 13 × 20 = 260일로 구성되어 있다는 것은 앞의 표로부터 쉽게 알 수 있다. 그렇다면 이처럼 다른 문명권에서는 나타나지 않은 특이한 달력이 생기게 된 원인은 무엇일까? 초승달이 보인 후 보름달이 뜰 때까지는 13일이 걸리기 때문에 13이란 숫자가 성스러운 숫자가 되었다는 사실과 관련이 있을 것 같기도 하지만, 이 의문은 아직 수수께끼로 남아 있다.

농사 달력 하압

마야 사람들은 종교 달력 촐킨과 함께 농사를 짓기 위한 정상적인 달력으로 하압(haab)을 가지고 있었다. 이 달력의 1년은 다른 문명권의 태양력과 마찬가지로 정확히 365일로 되어 있었다. 하지만 다른 태양력들 대부분이 달의 움직임을 고려한 데 반해, 마야의 태양력은 달의 움직임을 전혀 고려하지 않았다. 하압에는 각 20일로 된 18개의 주기(winal)가 있었으며, 앞에서 살펴본 고대 이집트 달력의 에파고메네처럼 마지막에 5일(wayeb)을 따로 놓았다.

날짜를 세는 법은 촐킨의 경우와 마찬가지로 우리의 60갑자 세는 법과 비슷했는데, 여기에 주기도 같이 고려하여야 했다. 예를 들면 '1 이믹스(imix) 1 폽(pop)' 다음 날은 '2 익(ik) 2 폽(pop)'이고, 그다음 날은 '3 악발(akbal) 3 폽(pop)'이다(표 26 참조).

긴 세월 세기

마야 인들의 세계관에 따르면 광명과 암흑이라는 빛의 흐름은 태초로부터 미래를 향하여 끊임없이 규칙적으로 흐르고 있다. 따라서 그들은 연을 셀 필요가 없었다. 단지 날만 세면 되었다.

주기 \ 신	1 이믹스	2 익	3 악발	4 칸	5 칙찬	6 시미	7 마닉	8 라마트	9 무룩	10 옥	11 추엔	12 엡	13 벤	14 익스	15 멘	16 십	17 카반	18 에스납	19 카우악	20 아하우		날수
1	1	2	3	4	5	6	7	8	9	10	11	12	13	1	2	3	4	5	6	7	폽	20
2	8	9	10	11	12	13	1	2	3	4	5	6	7	8	9	10	11	12	13	1	우오	20
3	2	3	4	5	6	7	8	9	10	11	12	13	1	2	3	4	5	6	7	8	십	20
4	9	10	11	12	13	1	2	3	4	5	6	7	8	9	10	11	12	13	1	2	소츠	20
5	3	4	5	6	7	8	9	10	11	12	13	1	2	3	4	5	6	7	8	9	첵	20
6	10	11	12	13	1	2	3	4	5	6	7	8	9	10	11	12	13	1	2	3	술	20
7	4	5	6	7	8	9	10	11	12	13	1	2	3	4	5	6	7	8	9	10	약스킨	20
8	11	12	13	1	2	3	4	5	6	7	8	9	10	11	12	13	1	2	3	4	몰	20
9	5	6	7	8	9	10	11	12	13	1	2	3	4	5	6	7	8	9	10	11	첸	20
10	12	13	1	2	3	4	5	6	7	8	9	10	11	12	13	1	2	3	4	5	약스	20
11	6	7	8	9	10	11	12	13	1	2	3	4	5	6	7	8	9	10	11	12	삭	20
12	13	1	2	3	4	5	6	7	8	9	10	11	12	13	1	2	3	4	5	6	세	20
13	7	8	9	10	11	12	13	1	2	3	4	5	6	7	8	9	10	11	12	13	막	20
14	1	2	3	4	5	6	7	8	9	10	11	12	13	1	2	3	4	5	6	7	칸킨	20
15	8	9	10	11	12	13	1	2	3	4	5	6	7	8	9	10	11	12	13	1	무안	20
16	2	3	4	5	6	7	8	9	10	11	12	13	1	2	3	4	5	6	7	8	팍스	20
17	9	10	11	12	13	1	2	3	4	5	6	7	8	9	10	11	12	13	1	2	카얍	20
18	3	4	5	6	7	8	9	10	11	12	13	1	2	3	4	5	6	7	8	9	쿰쿠	20
19	10	11	12	13	1																와옙	5
																				Σ		365

표 26 마야의 농사 달력 - 하압

마야 인들은 '4 아하우(ahau) 8 쿰쿠(Cumku)'에 세계가 창조되었다고 믿었다.• 4 아하우 8 쿰쿠라는 개념에서 나타나듯이 그들은 촐킨과 하압을 끊임없이 세어온 것을 알 수 있다.

그림(그림 25)은 과테말라의 키리구아 지역에서 발견된 유적에 나

1 Pictum = 20 Baktun	= 2,880,000일 ≒ 20^3 년
1 Baktun = 20 Katun	= 144,000일 ≒ 20^2 년
1 Katun = 20 Tun	= 7,200일 ≒ 20^1 년
1 Tun = 18 Uinal	= 360일 ≒ 20^0 년
1 Uinal = 20 Kin	= 20일 ≒ 20^{-1}년
1 Kin	= 1일 ≒ 20^{-2}년

위 숫자 체계로부터 마야인들이 20진법을 사용하였다는 것을 알 수 있다.

타난 날짜이다. 그림에서 ①번은 완전한 날짜의 시작을 나타내는 표시이고, ②는 박툰(Baktun)을, ③은 카툰(Katun)을, ④는 툰(Tun)을, ⑤는 우이날(Uinal)을, 그리고 ⑥은 킨(Kin)을 나타낸다. 또 ⑦은 촐킨으로 날짜를, ⑧은 하압으로 월의 위치를 나타낸 것이다. 따라서 그림이 나타내고 있는 날의 날짜는 '10 아하우(Ahau) 8 삭(Zac)'이며, 그날은 창조일로부터 1,393,000일째 되는 날이다.

지금까지 살펴본 마야 달력의 가장 큰 특징은 20진법을 사용하였다는 것이다. 한편 다른 모든 달력에는 있지만 마야 달력에는 없는 것이 있는데 바로 '윤년'이다. 마야 인들은 자신의 달력에서 표현하였듯이 고도의 질서에 따라 운행하는 빛과 어둠의 흐름이 윤일에 의하여 깨질 수는 없다고 생각한 것이다. 그래서 마야 달력은

• 이날이 율리우스 달력으로 언제인지는 정확히 알려져 있지 않다. 이날에 대해서는 열여섯 가지 이상의 제안이 있다. 그 중 몇 가지를 소개하면 BC 3114년 9월 8일, BC 3373년 10월 14일, BC 3606년 9월 16일, BC 8498년 6월 1일 등이다.

9 Baktun	=	1,296,000일	②
13 Katun	=	93,600일	③
10 Tun	=	3,600일	④
0 Uinal	=	0일	⑤
0 Kin	=	0일	⑥
	Σ	1,393,000일	

그림 25 마야 인의 날짜 표기 - 긴 세월 세기

고대 이집트 달력에서와 마찬가지로 정확히 365일을 가지고 있다.

하지만 마야 인들 역시 365일만으로는 계절의 변화를 제대로 설명할 수 없다는 사실을 알고 있었다. 그들은 회귀년을 분 단위까지 정확히 측정할 줄도 알았다. 그러나 그 고도의 측정 기술을 달력을 개선하는 데 사용하지는 않았다. 단지 실제 태양의 움직임을 계산하는 데만 사용했을 뿐이다. 계산을 통하여 그들은 언제 씨를 뿌리고 언제 추수를 해야 할지를 예측할 수 있었다.

당시 그 계산법은 권력을 의미하였다. 마야의 제사장들만이 가지는 그 계산 능력은 곧 백성들에 대한 권력을 의미하는 것이었다.

따라서 제사장들에게 달력이 정확하지 않은 것은 전혀 문제가 되지 않았다. 오히려 부정확한 달력이 그들의 권력 유지에 더욱 도움이 되었을 따름이다.•

아즈텍의 태양석

1790년 건설 사업 도중에 24.5톤이나 되는 커다란 돌덩이가 하나 발견되어 지금도 멕시코 국립박물관에서 제일 가는 구경거리가 되고 있다. 이 돌덩이는 지름이 3.57미터이며 두께도 1미터나 된다. 이 돌은 아즈텍의 6대 황제인 악사야카틀(Axayacatl)이 1479년에 만들도록 한 태양석(太陽石)으로, 오늘날의 달력에 해당한다(그림 26).

돌의 한가운데에는 태양신의 머리가 새겨져 있으며, 이것은 똑같은 크기의 20개 조각으로 나누어져 있는 원으로 둘러싸여 있다. 각 조각에는 마야의 260일 달력에서와 같은 20개 상징들이 새겨져 있다. 1521년 아즈텍의 정복자들은 이 돌덩이를 멕시코시티의 한 복판에 파묻어 버렸다. 가톨릭 신도들인 스페인 정복자들은 이교

• 제사장들은 회귀년 측정 기술을 바탕으로 나름대로의 윤년 법칙을 발견하였는데, 그것은 52년마다 13일의 윤일을 추가하고(1년은 평균 365.25일) 3172년마다 25일을 제하는 것(1년은 평균 365.242119일)이었다. 이 방법에 따르면 실제 회귀년(365.242198일)과는 불과 0.000079일 또는 약 7초의 차이밖에 발생하지 않는다. 현대 달력은 실제 회귀년과 약 26초의 오차가 발생하고 있다. 또 마야의 제사장들은 달의 공전 주기를 29.53020일과 29.53086일로 계산하였는데, 이 두 값의 평균인 29.53053일은 현재 우리가 알고 있는 값과 0.00006일의 오차밖에 없다. 세계에서 가장 정확한 달력으로 마야 달력을 꼽는 이유가 여기에 있다. 그러나 그들의 천문 관측은 정확했지만 실제로 그들이 사용한 달력은 정확성과는 거리가 멀다.

그림 26 아즈텍의 태양석(Piedra del sol) 멕시코 국립박물관 소재, 지름 3.6m, 두께 1m
오른쪽 그림은 외곽선으로 단순하게 나타낸 그림 (P. J. Schmidt)

도의 우상이 새겨져 있는 이 돌덩이를 영원히 지워 버리고 싶었던 것이다.

마야 문명과 함께 중미 지역의 대표적인 문명을 형성했던 아즈텍 인들은 마야의 달력을 자신들의 신화와 결합시켰다. 그 내용은 태양석에 잘 표현되어 있다.

태양석의 가운데에 있는 얼굴은 아즈텍의 다섯 번째 태양(또는 세계)인 토나티우(Tonatiuh)로서, 태양석이 만들어질 당시 세계를 지배하던 태양이다. 토나티우의 네 귀퉁이에는 네모가 하나씩 있는데, 여기에는 그 이전에 세계를 지배하는 네 개의 태양(또는 세계)에 의해 지배되던 시대를 종식시킨 것들이 표현되어 있다. 첫 번째 세계는 맹수들에 의해 멸망하였고 다음 세계는 바람, 불, 홍수에 의하여 차례로 멸망하였다.

1시 방향에 있는 것은 '표범 태양'이다. 아즈텍의 전설에 따르면 첫 번째 세계는 테스카틀리포카(Tezcatlipoca)가 케차코아틀(Quetzacoatl)을 가장하여 다른 하늘의 신들을 다스리고 있었다. 그런데 어느 날 갑자기 케차코아틀이 나타나 거대한 장갑으로 그를 물 속에 빠뜨리고 세계를 통치하였다. 그러나 이 세계는 표범으로 상징되고 있는 맹수들에 의하여 멸망되었다.

11시 방향에 있는 것은 '바람 태양'이다. 다음 두 세계와 마찬가지로 이 두 번째 세계도 52년의 배수 동안 지속되었다. 구체적으로 두 번째 세계는 13×52년 동안 존재하였다. 첫 번째 세계를 다스리다가 케차코아틀에 의해 쫓겨났던 테스카틀리포카가 갑자기 다시 나타나서 케차코아틀을 왕위에서 내쫓아 버렸다. 그러고 나서 무시무시한 바람이 불어와 두 번째 세계도 멸망시켜 버렸다.

7시 방향은 '비 태양'으로서 6×52년 동안 계속되었다. 이때는 '비'의 신인 탈록(Thaloc)이 태양의 역할을 하였다. 이때 케차코아틀이 다시 나타났고, 불의 비가 내려 탈록의 시대는 끝나고 말았다.

5시 방향은 '물 태양'으로서, 정확히 52년 동안 지속되었던 네 번째 세계를 멸망시켰다. 네 번째 세계의 여신은 찰추이우틀리케(Chalchuiutlicue)라는 태양이었다. 그녀의 이름은 '비취색 치마를 입은 그녀'라는 뜻이다. 여신의 시대는 엄청난 홍수로 멸망하고 말았다.

신들에게 시간을 분배하다

아즈텍 달력도 한 종류가 아니다. 아즈텍 인들도 마야 인들과 마찬가지로 다소간 서로 의존하고 있는 두 개의 달력 시스템을 가지고 있었다. 하나는 시우포우알리(xiuhpohualli)라는 365일짜리 농업 달력이고, 다른 하나는 토날포우알리(tonalpohualli)라는 260일짜리 종교 달력이다.

시우포우알리는 계절과 관련이 있는 365일짜리 달력으로서, 마야 달력의 하압에 해당하는 것이다. 이 달력의 1년(시우아틀, xihuatl)에는 각각 이름을 갖고 있는 18개의 달(메스티, mezti)과 4개의 네모 바깥쪽에 나타나 있는 20개의 날(토날리, tonalli)이 있다. 그러므로 18×20=360일이 된다. 나머지 5일(네몬테미, Nemontemi)은 네모 사이에 다섯 개의 점으로 나타나 있는데, 이들 날은 신들에게 제물을 바치는 날이었다. 연의 이름은 마지막 달 마지막 날에 따라 정해졌는데 단지 칼리(Calli), 토츠틀리(Tochtli), 아카틀(Acatl)과 텍파틀(Tecpatl) 네 가지 이름만이 사용될 수 있었다. 따라서 연의 이름은 1-칼리, 2-토츠틀리, 3-아카틀, 4-텍파틀 같은 식으로 정해져서, 13×4=52년이 지나면 다시 첫 번째 이름을 가질 수 있었다. 이와 같은 52년의 조합을 시우몰필리(xiuhmolpilli)라고 한다.

토날포우알리는 마야의 촐킨과 마찬가지로 종교 달력의 구실을 하였던 것으로 보인다. 13주기×20일=260일로 되어 있으며 그 구조 또한 촐킨과 같다. 토날포우알리의 각 날도 마야의 촐킨에서

	마야 (Maya)			아즈텍(Aztec)		
	신 이름	상징	뜻	신 이름	상징	뜻
1	이믹스 (imix)		악어, 물	시팍티 (cipacti)		악어
2	익 (ik)		공기, 생명	에에카틀 (ehecatl)		바람
3	악발 (akbal)		밤, 어둠	칼리 (calli)		집
4	칸 (kan)		옥수수	쿠에츠팔린 (cuetzpalin)		도마뱀
5	칙찬 (chicchan)		뱀	코아틀 (coatl)		뱀
6	시미 (cimi)		죽음	미키츨리 (miquitzli)		죽음
7	마닉 (manik)		사슴	마스아틀 (mazatl)		사슴
8	라마트 (lamat)		토끼	토츠틀리 (tochtli)		토끼
9	무룩 (muluk)		비	아틀 (atl)		물
10	옥 (oc)		개	이츠쿠인틀리 (itzcuintli)		개
11	추엔 (chuen)		원숭이	오소마틀리 (ozomatli)		원숭이
12	엡 (eb)		처녀	마리날리 (malinalli)		풀
13	벤 (ben)		갈대, 수수	아카틀 (acatl)		사탕수수
14	익스 (ix)		표범	오세로틀 (ocelotl)		표범
15	멘 (men)		새, 독수리	쿠아우틀리 (cuauhtli)		독수리
16	키브 (kib)		콘도르	코스카콰우틀리 (cozcaquauhtli)		콘도르
17	카반 (kaban)		힘, 땅	올린 (ollin)		움직임
18	에스납 (eznab)		부싯돌, 칼	텍파틀 (tecpatl)		제도(祭刀)
19	카우악 (kauak)		폭풍, 행동	키아우이틀 (quiahuitl)		비
20	아하우 (ahau)		지배자	소치틀 (xochitl)		꽃

표 27 마야와 아즈텍 달력에 나타나는 신들의 이름과 상징 그리고 그 뜻

처럼 숫자와 상징으로 표시된다.

상징들은 각기 다른 스무 가지 신들을 나타내고 있으며 그 신에 의해 지배된다. 모든 날의 특징은 숫자의 지배를 받지만 더 중요한 것은 일주일에 해당하는 13일 주기(트레세나스, trecenas)이다. 각 주기 역시 신들의 지배를 받는다. 아즈텍 신화에서는 신들의 다툼으로 세상이 멸망하였다고 보고 있다. 아즈텍 인들은 어느 한 신이 세계를 다스리는 것은 매우 위험한 일이라고 생각하게 되었다. 그래서 그들은 모든 신들에게 공정하게 시간을 분배하기로 한 것이다.

마야와 아즈텍 달력에 사용된 스무 가지 상징과 그에 해당하는 신을 나타낸 앞의 표(표 27)는 마야와 아즈텍 문명이 얼마나 밀접한 관련이 있는지를 짐작할 수 있게 해 준다.

우리나라 달력

지금까지 우리는 멀리 고대 이집트의 달력으로부터 오늘날 우리가 사용하고 있는 그레고리우스 달력까지의 발전 과정, 고대 중근동과 마야 문명의 달력들에 대해서 살펴보았다. 역사상에 존재하였던 몇 가지 혁명 달력도 알아보았고, 또 세계 달력과 같은 새로운 달력의 제안을 곧 살펴볼 것이다(9장 참조). 여기에서는 우리가 잘 모르고 있는 우리의 것, 우리의 전통 달력을 살펴보고자 한다.

물론 우리가 우리의 달력에 대해 전혀 모르는 것은 아니다. 가령 우리의 전통 달력이 음력이라는 사실은 대개 알고 있다. 또 "세종(世宗)대왕 때 만들어진 『칠정산(七政算)』인가 하는 것이 달력이었지, 아마?" 하고 기억을 더듬는 이도 있을 것이다. 나아가 우리의 전통적인 음력 달력은 현대의 사회 생활에서 별로 사용되지 않고 있는 만큼 서양의 양력에 비해 비과학적인 달력일 것이라고 지레

짐작할 수도 있을 것이다. 그런데 정말 그런가?

우리 가정에 걸려 있는 달력을 보자. 우리가 쓰는 달력에는 서양 사람들의 집에 걸려 있는 달력과는 다르게 양력과 함께 음력도 표시되어 있고, 또 음력에 따르는 것도 아닌 '절기'라는 주기도 표시되어 있다. 또 '을사일(乙巳日)'이니 '병오일(丙午日)'이니 하는 간지(干支)에 따른 날짜가 표시되어 있는 종류도 있다. 실제로 우리의 가정 생활에서는 제사나 생일 같은 크고 작은 행사를 여전히 음력을 기준으로 행하는 경우가 적지 않다. 하지만 우리는 그런 음력 날짜나 절기를 그저 달력에 나와 있는 대로 따를 뿐이지 그 의미에 대해서는 거의 모르고 있다.

우리 민족이 누군가? 세계에서 가장 먼저 금속 활자를 사용하였고, 세계에서 가장 우수한 문자로 인정받는 한글을 창안한 민족이 아닌가? 그런 민족에게 제대로 된 과학적 달력이 없을 수 없다. 그러면 그 달력은 어떤 구조일까? 그리고 그 달력은 왜 더 이상 사용되지 않고 있을까? 이런 문제들을 밝혀 보도록 한다.

1 세종대왕과 칠정산

세종대왕 시대는 우리나라 역사상 과학과 기술이 만발한 시기라고 할 수 있다. 조선 왕조 제4대 임금인 세종은 태조(太祖) 6년 4월 10일(그레고리우스 달력으로는 1397년 5월 15일) 아버지 태종(太宗)이 아직 즉

위하기 전 셋째 아들로 태어났으며 이름은 이도(李祹)였다. 그는 만 21세인 1418년 8월 18일 왕위에 올랐으며 1450년 2월 17일 53세를 일기로 승하하였다.

하늘의 뜻을 이 땅 위에 실현하는 일

세종대왕이 즉위하였을 때는 조선 왕조가 개창된 지 아직 30년도 지나지 않은 때였다. 이때까지 조선 왕조는 고려 시대의 갈등 요소를 그대로 안고 있었으며, 왕실과 개혁 공신 세력인 사대부 간의 대립이 심각한 상태였고, 왕실 내에서도 권력 다툼이 끊이지 않고 있었다. 여차하면 구 세력의 반동(反動)으로 새 왕조의 틀이 송두리째 흔들릴 수도 있는 형편이었다. 비록 세종의 아버지인 태종이 반동의 싹을 제거하기 위하여 피비린내 나는 숙청을 하고 자신의 처남들과 사돈(세종의 장인)마저 가혹하게 처치하여 버렸지만 여전히 정세는 불안하였다.

물리적인 안정에 매진한 태종의 뒤를 이어 왕위에 오른 세종은 조선의 건국 이념인 유교의 틀에 맞게 제도를 정비하고 왕권을 확립하여 조선을 나라답게 만들어야 하였다. 그리하여 고려 왕조를 무너뜨리고 새로운 나라를 세운 정당성을 확보해서 역사의 정통성을 추인받아야 하였다. 세종은 왕권 안정의 연장선에서 과학과 기술을 개발하고 발전시켰다. 세종 시대에는 활자·인쇄·화기·농업·의학 분야가 크게 발전하였으며, 도량형과 음악의 과학적인 정리도 이루어졌다. 또 세종대왕 하면 누구나 먼저 떠올리게 되는 한글의 반포(1446년)도 빼놓을 수 없다.

천문학의 발전은 세종이 왕권을 안정시켜 나가는 과정에서 가장 중요한 성과의 하나라고 할 수 있다. 하늘에 빛나는 무수한 별들은 천상과 지상을 이어 주는 매개체로서 아름다운 세계에 대한 꿈을 꾸게 해 준다. 옛 사람들은 인간 세상의 흥망성쇠를 주관하는 하늘의 뜻이 별들에 나타난다고 믿었으며, 역대 왕조의 임금들은 천상계의 변화가 나라의 안녕과 직결된다고 여겼다. 실제로 농업이 산업의 거의 전부였던 당시에는 하늘의 움직임을 읽고 백성들에게 절기와 시간을 정확히 알려 주는 일이야말로 봉건 왕조의 가장 중요한 책무이기도 하였다. 그래서 천문대를 만들어 천체의 운행을 관측하고 별들의 지도인 천문도를 그리는 등 별들의 움직임에 끊임없이 관심을 기울여야 하였다. 그러므로 출범한 지 불과 30년 안팎의 조선 왕조로서는 왕권을 확고히 하기 위해서도 천문 역법의 정비가 절실하였다.

고려 시대 이래로 왕립 천문기상대 역할을 했던 서운관(書雲觀)이 있었다. 세종은 서운관을 관상감(觀象監)으로 개칭하는 한편, 추가로 1434년 경복궁 경회루 북쪽에 간의대(簡儀臺)를 세워 천체 관측 시설을 설치하였다. 이곳에 천체 관측 기구인 혼천의(渾天儀), 이 혼천의를 간단하게 개량한 간의(簡儀), 천체의 모형인 혼상(渾象), 태양의 출몰을 관측해 동서남북을 정하고 태양 고도를 측정하며 동짓날의 정확한 시각과 주기를 찾아내던 규표(圭表), 방위 지정표인

정방안(正方案) 등 각종 기구들을 설치하고 별자리를 비롯하여 일출과 일몰, 일식과 월식, 혜성과 행성의 운행 등을 관찰하였다.

이러한 과학적 노력의 결과로 탄생한 것이 우리나라 역법의 완성체라고 할 수 있는 『칠정산 내편(七政算 內編)』과 『칠정산 외편(七政算 外編)』이다. 조선 시대에는 일식과 월식의 시각을 정확히 예측하는 것으로 역법의 정확성을 검증하였다. 일식 날에는 임금도 나와 일식을 관찰했는데, 일식 시각이 잘못 계산되었을 경우에는 관측관리가 태형을 당하거나 유배되기도 하였다. 『칠정산 내편』의 완성으로 천문 계산이 완벽하게 이루어져 일식 등 천문 현상을 정확하게 예측할 수 있었다.

그런데 왜 역법에 '칠정산'이라는 이름이 붙었을까? '칠정(七政)'은 글자 그대로 '일곱 가지 정치'가 아니라 해와 달, 그리고 화성, 수성, 목성, 금성, 토성이라는 다섯 행성을 함께 아울러 칭한 것이다. 즉 오늘날의 일곱 요일에 해당한다고 할 수 있다. 원래 정치란 하늘의 뜻을 이 땅 위에 실현하는 일이고, 따라서 하늘의 별들이 이 세상의 정치 현상을 반영한다고 생각했기 때문에 '정(政)'이 천체를 가리키는 뜻으로도 사용된 것이다.

최고 기예들을 투입하여 만든 칠정산

전통 천문학의 대표적인 분야는 이미 살펴본 대로 역법, 즉 달력을 만드는 법이라고 할 수 있다. 하지만 역법은 단순히 달력을 만드는 차원을 넘어서 천체들의 운행과 위치를 살피고 예측하는 방법을 말한다.

우리나라의 대표적인 과학사가인 박성래 교수에 따르면, 우리 민족은 1442년까지 우리나라 기준의 천문 계산을 단 한 번도 해 보지 못하였다고 한다.• 우리 민족은 조선 초기까지 중국의 각종 역법을 빌려 사용하고 있었다. 그러나 이것은 중국의 위치에서 계산된 것이어서 위도와 경도 차이에서 빚어지는 여러 가지 오차를 피할 수가 없었으며, 또 그 자체도 많은 오류를 안고 있었다. 사실 삼국 시대 이후 우리나라의 조정은 중국의 역법을 우리의 경위도에 맞추어 사용하려는 노력을 끊임없이 행하였다. 하지만 그것은 결코 쉬운 일이 아니었다. 역법 자체가 배우기 어렵기도 하거니와, 중국에서도 역법은 권력을 유지하는 중요한 기반이었으므로 역법을 연구하고 역서를 제작하며 반포하는 일은 황제의 고유한 임무로 생각해 함부로 가르쳐 주지 않았기 때문이다.

마침내 세종 14년(1432년), 임금은 지금까지 사용해 온 중국의 모든 천문학 이론을 정리하고 개선하여 우리나라에 맞는 천문·역법을 만들기로 결심하였다. 이를 위하여 당시 중인(中人) 계층의 학문

• 삼국 시대에는 거의 천문 계산을 할 수 없었던 것으로 보이고, 고려 시대에서는 어느 정도 계산을 해 내기는 하였지만 아직 완벽한 계산 기술을 터득하지 못하고 있었다. 고려 말에 중국은 몽고족의 원(元)나라가 지배하고 있었는데, 그들은 칭기스칸 이래 아랍까지 점령하고 있어서 아라비아의 발달한 천문학도 수입할 수 있었다. 그리하여 13세기경에 원나라 천문학은 세계 최고 수준에 있었다. 고려는 중국의 천문학을 받아들여 독자적인 천문학 체계를 세우려고 하였으나 얼마 안 있어 조선 왕조가 들어섰다.

인 산학(算學)을 연구하는 데 당당한 문과 급제자인 이순지(李純之, 1406-1465)• 와 정인지(鄭麟趾, 1396-1478)를 비롯한 집현전 학자들을 대거 투입하였다. 그 후 10년 만인 1442년에 『칠정산 내외편』이 완성되었다.

우선 정흠지(鄭欽之, 1378-1439)와 정인지 등에게 『칠정산 내편』을 만들게 하였다. 『내편』은 원나라의 당대 세계 최고의 과학자였던 곽수경(郭守敬, 1231-1316)이 완성한 『수시력(授時曆)』과 명나라의 『대

• 이순지는 『제가역상집(諸家曆象集)』(1445년)을 편찬하여 세종 때의 천문 기구들에 대한 이론적 연구를 뒷받침하였다. 또 그는 천문학 개론서인 『천문유초(天文類抄)』도 펴내었다. 이순지가 죽은 다음 날(1465년 음력 6월 11일) 세조가 그의 죽음을 애도하면서 내린 말이 『세조실록(世祖實錄)』에 남아 있는데, 이를 통하여 그가 세종 때의 수많은 천문 기구 제작에 중추적인 역할을 했음을 알 수 있다.
이순지(李純之)의 자(子)는 성보(誠甫)이며 양성(陽城-지금의 안성) 사람이니, 처음에 동궁행수(東宮行首)에 보직되었다가 정미년(1427년 세종 9년)에 문과에 급제하였다. 당시 세종은 역상(曆象)이 정(精)하지 못함을 염려하여 문신을 가려서 산법(算法)을 익히게 하였는데, 이순지가 추구(追究)하므로 세종이 이를 가상히 여기었다. 처음에 이순지가 추산(推算)하여 본국(本國)은 북극(北極)에 나온 땅이 38도(度) 강(强)이라 하니, 세종이 의심하였다. 마침내 중국으로부터 온 자가 역서(曆書)를 바치고는 말하기를, "고려는 북극에 나온 땅이 38도 강(强)입니다."하므로, 세종이 크게 기뻐하시고 마침내 명하여 이순지에게 의상(儀象)을 교정(校正)하게 하니, 곧 지금의 간의(簡儀)·규표(圭表)·태평(太平)·현주(懸珠)·앙부일구(仰釜日晷)와 보루각(報漏閣)·흠경각(欽敬閣)은 모두 이순지가 세종의 명(命)을 받아 이룬 것이다. 여러 관직을 거쳐 승지(承旨)에 이르고, 중추원부사(中樞院副使)로 옮겼다가 정축년(1457년 세조 3년)에 개성부 유수(開城府留守)를 삼으니, 승직(陞職)을 사양하므로 임금이 말하기를, "따로 경(卿)에게 맡길 일이 있으니 외방에 나가는 것은 옳지 못하다." 하고 드디어 명하여 고쳐서 제수하였다. 매양 진현(進見-나아가 뵘)할 때마다 임금이 급히 일컫기를, "부왕(父王)께서 중하게 여긴 신하이다."하고, 여러 번 상을 내려 주기를 더하더니, 을유년(1465년 세조 11년)에 판중추원사(判中樞院事)가 되었다가 이에 이르러 병(病)으로 졸(卒)하였다. 이순지의 성품은 정교(精巧)하며, 산학·천문·음양·풍수의 학(學)에 자상하였다. 【원전】 7집 690면-세종대왕기념사업회 역, 『CD-ROM 조선왕조실록』(서울시스템, 1995).

통력(大統曆)』을 서울의 위도에 맞게 수정하고 보완한 것이다. 『내편』은 1년을 356.2425일, 1달을 29.530593일로 정하고 있는데, 이 수치들은 현재의 값과 유효 숫자 여섯 자리까지 일치하는 정밀한 것이다.

이순지는 김담(金淡, 1416-1464)과 함께 『칠정산 외편』의 편찬을 맡았다. 『내편』의 속편이 되는 『외편』은 당시로서는 가장 새로운 기술이라고 할 수 있는 아랍 천문학을 흡수하고 있다. 『내편』이 중국의 전통에 따라 원주를 365.25도, 1도를 100분, 1분을 100초로 잡고 있는 데 비해, 『외편』은 그리스 전통을 이어받은 아라비아 방식에 따라 원주를 360도, 1도를 60분, 1분을 60초로 한 새로운 방식을 수용하고 있는 것이다. 60진법에 기초한 이 방식은 오늘날 세계적으로 통용되고 있는 그대로이다.

『칠정산』이 편찬됨으로써 비로소 우리나라를 기준으로 일식과 월식을 미리 계산하는 일이 가능해졌다. 그렇다고 "중국에서는 오래전부터 하고 있던 일을 우리나라에서는 이제야 겨우 처음으로 하게 되었나 보다." 하는 식으로 낮게 평가해서는 안 된다. 전 세계 무수한 민족들 중에서 1442년에 이만한 수준의 천문학 계산을 할 수 있던 나라는 중국과 아랍 외에는 조선뿐이었기 때문이다. 즉 당시 우리 민족의 천문학은 세계 최고 수준에 올라 있었던 것이다.•

일본의 경우 『칠정산』에 해당하는 "일본인이 만든, 일본에 맞는 최초의 역법"인 『정향력(貞享曆)』은 우리보다 240년 늦은 1682년에야 등장한다. 이 역법을 만든 시부카와 하루미(澁川春海, 1639-1715)는

"1643년 조선통신사로 왔던 박안기가 모종의 수학적 해법을 도와 주었고, 이를 바탕으로 정향력을 만들 수 있었다."라고 스스로 밝히고 있어서 조선의 『칠정산』이 일본의 『정향력』에 결정적인 영향을 주었음을 알 수 있다.••

절기 – 24기(氣)와 72후(候)

춘분·대서·입동·소한과 같은 절기는 농사를 짓기 위해 생겨났다. 다른 문명권에서는 싹이 트고 열매가 맺히고 가뭄이 드는 등의 자연 현상에 따라 계절을 구분한 데 비해, 중국을 비롯하여 우리나라와 일본에서는 회전축이 기울어진 채 도는 태양의 움직임에 따라 계절을 구분하였다. 사람이 보기에는 지구를 중심에 두고 태양이 움직이고 있는데, 이 태양이 움직이는 길을 황도(黃道)라고 하였다(그림 27 참조). 태양이 황도상을 움직여 운행하는 위치에 따라서 계절이 변하는데, 황도상에 일정한 간격을 두고 24점을 정하여 24절기라고 하는 것이다.

『칠정산』은 대략 1개월에 2개씩의 절기를 두어, 1년을 24기(氣)

• 원나라 이후 명(明)나라 때에 들어와 중국의 천문학은 오히려 쇠퇴의 길을 걷고 있었고, 아랍 천문학은 더욱 쇠락해 가고 있었다. 한편 그 당시 중국과 우리나라는 천문 관측 자료를 활발하게 교류하고 있었다. 중국은 새해 달력을 만들면 주변 나라에 1부씩 보내 주었는데, 조선에는 100부를 보내는 일도 있었다.

•• 이 사실은 일본의 과학사와 천문학사 그리고 웬만한 큰 사전에는 모두 실려 있으나, 정작 우리에게는 박성래 교수가 1970년경에 발견하기 전까지는 전혀 알려져 있지 않던 사실이다.

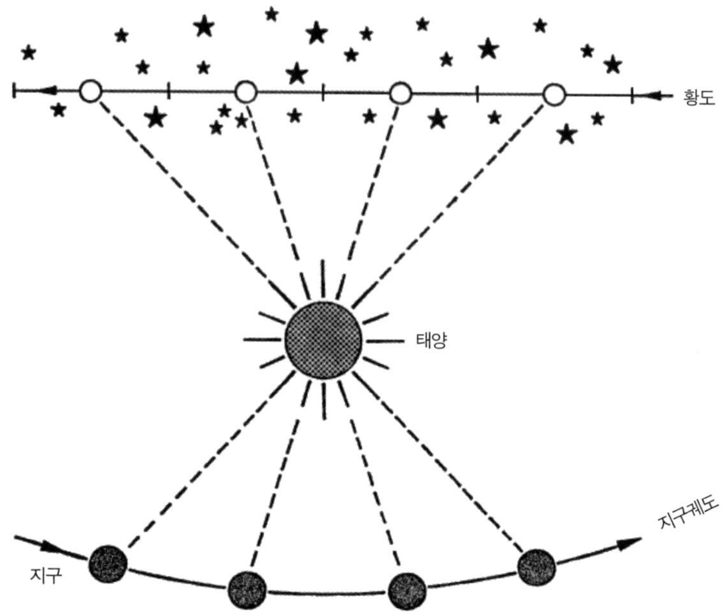

그림 27 황도 - 지구의 공전에 따라 나타나는 태양의 운행 경로

와 72후(候)로 나누었다.• 각 기(氣)가 월초에 있으면 절기(節氣), 월중에 있으면 중기(中氣)라고 하였다.•• 『칠정산』에서는 1년을 24등분하여 황도상의 각 해당점에 기(氣)를 매기는 평기법(平氣法)을사용하였는데, 동지를 기점으로 절기를 매겨 15.218425일씩 더하면서 24절기를 정하였다.••• 그러므로 절기는 달의 운동과는 무관하며

• 24기와 72후는 이미 중국의 춘추전국 시대에 주공(周公)이 제정하였다고 전해지는데, 달력에 채택된 것은 6세기 초 위(魏)나라 시대의 『정광력(正光曆)』 때부터이다.

•• 현행의 태양력으로 보면 절기는 매월 4~8일 사이에 있고, 중기는 매월 하순에 있다.

••• 15.218425일×24절기+1일(동짓날)=365.2422일

1년(年) =4계(季)

1계(季) = 3월(月)

1월(月) = 2기(氣)

1기(氣) = 3후(候)

1후(候) = 5일(日)

1일(日) = 4진(辰)

1진(辰) =3시(時)

표 28 24기와 72후

오직 태양의 운동하고만 관련 있는 것이다. 이에 따르면 1년은 다음과 같이 구분된다(표 28 참조).

1년 24기는 다시 세분되어 72후로 나누어진다. 각 기를 초후(初候), 중후(中候), 말후(末候)의 3후로 구분한다. 다음 표(표 29)는 『칠정산 내편』 실린 내용이다. 하지만 24기와 72후는 중국 화북 지방의 기후를 기준으로 한 것이므로, 우리나라의 기후에는 그대로 적용되지 않는다. 또 72후의 내용도 때에 따라서 약간씩 바뀌기도 하였다.

확립된 왕권과 쇠퇴하는 과학

세종의 정치적 과제는 왕권을 확립시키는 일이었다. 세종은 그 한 방편으로 농학에서 천문학에 이르기까지 각 분야의 과학 기술을 발전시키고자 노력하였다.

그 결과 세종은 우리 민족의 문화 수준을 비약적으로 높였을 뿐

24기	72후	기후 특징	24기	72후	기후 특징
입춘	초후	동풍이 불어서 언 땅을 녹인다	입추	초후	서늘한 바람이 불어온다
	중후	동면하던 벌레가 움직이기 시작한다		중후	이슬이 진하게 내린다
	말후	물고기가 얼음 밑을 돌아다닌다		말후	쓰르라미가 운다
우수	초후	수달이 물고기를 잡아다 늘어놓는다	처서	초후	매가 새를 많이 잡아 늘어놓는다
	중후	기러기가 북쪽으로 날아간다		중후	천지가 쓸쓸하기 시작한다
	말후	초목에 싹이 튼다		말후	논 벼가 익는다
경칩	초후	복숭아가 꽃피기 시작한다	백로	초후	기러기 떼가 날아온다
	중후	꾀꼬리가 운다		중후	제비가 강남으로 돌아간다
	말후	매는 안 보이고 비둘기가 날아다닌다		말후	뭇새들이 먹이를 저장한다
춘분	초후	남쪽에서 제비가 날아온다	추분	초후	우뢰소리가 비로소 걷힌다
	중후	우뢰소리가 들려온다		중후	동면하려는 벌레가 구멍창을 막는다
	말후	금년 처음으로 번개가 친다		말후	땅위의 물이 마르기 시작한다
청명	초후	오동나무는 꽃피기 시작한다	한로	초후	기러기가 초대받은 듯 모여든다
	중후	들쥐는 자취를 감추고 종달새가 운다		중후	참새가 줄어들고 조개가 많이 보인다
	말후	하늘에 무지개가 비로소 나타난다		말후	국화꽃이 노랗게 핀다
곡우	초후	마름이 생기기 시작한다	상강	초후	승냥이가 산짐승을 잡는다
	중후	산비둘기가 그 깃을 턴다		중후	초목의 잎이 노랗게 떨어진다
	말후	뻐꾸기가 뽕나무에 내린다		말후	동면하는 벌레가 모두 땅으로 숨는다
입하	초후	청개구리가 운다	입동	초후	물이 비로소 얼기 시작한다
	중후	지렁이가 땅에서 나온다		중후	땅이 처음으로 얼어붙기 시작한다
	말후	왕과가 나온다		말후	꿩이 드물어지고 큰물에서 조개가 잡힌다
소만	초후	씀바귀가 뻗어 오른다	소설	초후	무지개가 걷혀서 나타나지 않는다
	중후	냉이가 누렇게 죽는다		중후	천기가 올라가고 지기가 내려간다
	말후	보리가 익는다		말후	천지가 얼고 생기가 막히며 겨울이 된다
망종	초후	버마재비가 생긴다	대설	초후	할단새가 울지 않는다
	중후	왜가리가 울기 시작한다		중후	범이 교미를 시작한다
	말후	지빠귀가 울음을 멈춘다		말후	여지가 돋아난다
하지	초후	사슴의 뿔이 떨어진다	동지	초후	지렁이가 서로 사귀어 정을 맺는다
	중후	매미가 울기 시작한다		중후	고라니의 뿔이 떨어진다
	말후	반하의 알이 생긴다		말후	샘물이 언다
소서	초후	더운 바람이 불어온다	소한	초후	기러기가 북으로 돌아간다
	중후	귀뚜라미가 벽에 기어다닌다		중후	까치가 집을 짓기 시작한다
	말후	매가 비로소 사나와진다		말후	꿩이 운다
대서	초후	썩은 풀에서 반딧불이 생긴다	대한	초후	닭이 알을 낳는다
	중후	흙이 습하고 더워진다		중후	나는 새는 높고 빠르다
	말후	큰 비가 때로 내린다		말후	못물이 단단하게 언다

마름: 연못에 나는 1년생 초, 뿌리는 흙에 박혀 있으나 잎은 물위에 뜬다.

지바뀌: 숲 속에 사는 작은 새로 등은 흑갈색, 낯은 황백색이며 아름답게 운다.

반하(半夏): 밭에 나는 다년초, 구토 등에 쓰이는 약재.

쓰르라미: 매미의 일종.　　여지 : 여주라고도 불리는 식물.

표 29 『칠정산 내편』에 실린 24기 72후

만 아니라 왕권을 강화하여 조선 왕조를 반석 위에 올려놓는 데 성공하였다. 따라서 세종 이후에 과학 기술이 크게 발달하지 않은 것은 놀랄 일이 아니다. 세종이 이미 왕권을 튼튼히 확립해 놓았으니, 후대 왕들에게는 왕권 강화를 위한 제도의 정비나 천문학을 비롯한 각종 과학과 기술의 연구 개발이 새삼스럽게 필요하지 않게 되었던 것이다.

결국 조선의 천문학은 성종(成宗, 재위 1469-1494) 이후 점차 침체하기 시작하고 임진왜란을 거치면서 급격히 쇠퇴하였다. 특히 세종 때 만들어진 많은 관측 기구들은 임진왜란과 병자호란 등 전쟁의 와중에 대거 파괴되었다. 하지만 이미 기울어진 국력은 천문학을 다시 일으켜 세울 엄두를 내지 못하였다.

세종 때에 당시 세계 최고 수준의 역법인 『칠정산』이 편찬되기는 하였지만, 이를 바탕으로 하여 일반인이 사용할 수 있도록 한 달력이 만들어지지는 않았다.

그런 데다가 세종 이후 과학 기술 수준마저 급격히 쇠퇴하게 된 우리나라에서는 결국 중국력을 다시 사용하게 된다. 중국에서 명(明)나라가 망하고 청(淸)나라가 들어서면서 그들이 서양 천문학에 따라 채택한 역법인 『시헌력(時憲曆)』이 우리의 달력이 되어 버린 것이다. 『시헌력』은 대동법(大同法) 등의 제도 개혁을 추진하여 훗날 실학 사상의 형성에 영향을 끼친 김육(金堉, 1580-1658)에 의해 효종(孝宗) 4년(1653년)에 도입되었다.

2 태음태양력

우리가 사용하고 있는 음력은 이슬람 문화권에서 사용되고 있는 순수한 태음력과는 다른 태음태양력이다. 순수한 태음력은 달의 운행만을 기준으로 삼아서 달의 모양이 평균 29.50359일을 주기로 변하는 것을 한 달로 정해서 만든 달력이다. 순수 태음력에는 윤달이 없어서 계절과 달력이 점차 달라지는 결점이 있다. 이에 비해 태음태양력은 태음력에 따른 계절의 오류를 보정하기 위하여 윤달의 개념을 도입해 달력과 계절의 불일치를 다소 해결한 달력이다. 즉 태양의 공전 주기 365.2422일과 태음력에 따른 1년 354일과의 차이 11.2422일을 보정하기 위해 19년 동안 7번의 윤달을 넣었다. 이에 따라 대략 3년 정도의 간격으로 13개월짜리 1년을 두게 된다.

절기는 태양력

절기가 『칠정산』에서는 평기법으로 정해진 데 비하여, 『시헌력』에서는 정기법(定氣法)으로 매겨졌다.• 이 방법은 황도상의 동지점을 중심으로 태양이 서쪽으로 15도 간격으로 변화될 때마다 절기와 중기를 매겨 나가는 것이다(15°×24 (절기)=360°). 이 경우 각 구역을 지나는 동안의 시간 간격은 다르게 된다. 그 이유는 지구의 공전 궤도가 원이 아닌 타원이므로 계절마다 지구의 공전 속도가 다

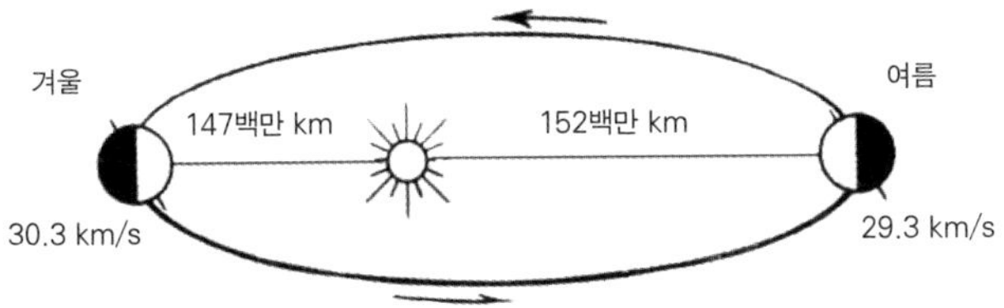

그림 28 지구 공전 궤도와 공전 속도 타원 궤도를 돌고 있는 지구는 겨울에는 여름보다 태양에 근접하며 이때 공전 속도가 더 빠르다. 지구의 공전 속도가 빨라지는 여름에는 달의 공전 속도도 빨라진다.

24기		황경	월 일(경)		24기		황경	월 일(경)	
입춘	정월절	315°	2	4	입추	칠월절	135°	8	8
우수	정월중	330°		19	처서	칠월중	150°		23
경칩	이월절	345°	3	6	백로	팔월절	165°	9	8
춘분	이월중	0°		21	추분	팔월중	180°		29
청명	삼월절	15°	4	5	한로	구월절	195°	10	9
곡우	삼월중	30°		20	상강	구월중	210°		24
입하	사월절	45°	5	6	입동	시월절	225°	11	8
소만	사월중	60°		21	소설	시월중	240°		23
망종	오월절	75°	6	6	대설	11월절	255°	12	7
하지	오월중	90°		22	동지	11월중	270°		22
소서	유월절	105°	7	5	소한	12월절	285°	1	6
대서	유월중	120°		23	대한	12월중	300°		21

표 30 『시헌력』과 정기법(定期法)에 따른 24절기

- 6세기경 북제(北齊)의 장자신(張子信)은 태양의 운행 속도가 일정하지 않다는 사실을 발견하였다. 즉 태양이 여름에는 평균보다 조금 늦고 겨울에는 반대로 조금 빨리 움직인다는 것을 확인하였던 것이다. 장자신은 자신의 관찰에 따라 정기법을 제안하였다. 정기법은 수나라의 유탁(劉焯)이 도입을 주장하고 한때 8세기경 일행(一行)이 만든 『대연력(大衍曆)』에 도입되기도 하였지만 1000년 이상 방치되고 있다가, 청나라 때 서양 천문학의 영향을 받은 『시헌력』에서 처음으로 채택되었다.

르기 때문이다. 지구가 태양 가까이에서 돌게 되는 겨울에는 달의 공전 주기도 길어져서 한 달을 30일로, 여름과 가을에는 짧아져서 29일을 한 달로 친다.

음력의 윤달은 어떻게 생기는가

태양력은 태양의 움직임만을 고려하여 달을 정한다. 그래서 365.2422÷12＝30.44일을 적절히 분배하면 되었다. 우리는 이미 초기의 태양력에서는 31일과 30일이 교대로 등장했던 것을 살펴본 바 있다. 또 모슬렘 달력에서는 달의 움직임만을 고려하여 30일과 29일이 교대로 등장하지만, 이로써 계절의 실제 변화와는 무관한 달력이 생긴 것도 살펴보았다. 우리의 옛 달력은 달의 모양 변화에 따라서 달을 나누기는 하였지만, 태양의 운행에 따른 계절의 변화를 달력에 적응시키는 것을 포기하지는 않았다. 우리의 태음태양력은 다른 태음태양력과는 다른 적응 방법을 가지고 있는데, 이를 살펴보기 위해서는 먼저 그림(그림 29)을 이해하여야 한다.

그림에서 검은 점은 새로운 달이 출현하는 시점을 나타내고 있으며 그 간격은 29.53일이다. 그 아래 하얀 원은 태양이 황도상을 운행할 때를 30도 간격으로 표시한 것인데, 그 간격은 평균 30.44일이다. 이 간격이 달의 출현 간격보다 길기 때문에 그림에서 볼 수 있듯이 가끔 새로운 달이 출현할 때까지 황도상에 표시한 이 30도 간격의 점이 나타나지 않을 때, 즉 중기(中氣)가 없는 달이 있다.

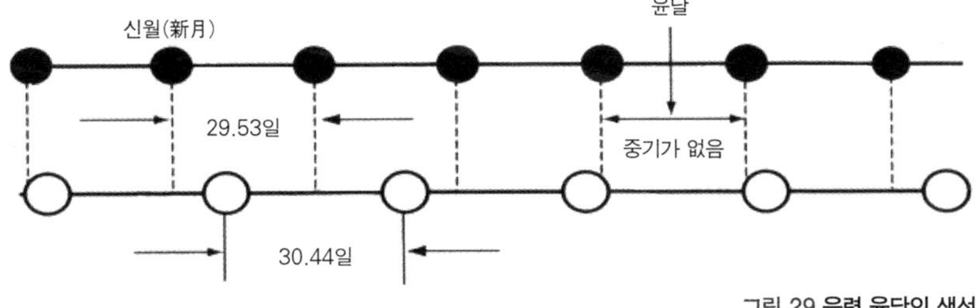

그림 29 음력 윤달의 생성

이달이 '여벌달', '공달' 또는 '덤달'이라고도 부르는 우리의 음력의 윤달이 되는 것이다.

그리고 이달은 놀랍게도 다른 이름을 갖고 있지는 않다. 중기가 없는 달은 앞달을 따서 '윤○월'이라고 한다. 예를 들어 5월 다음에 윤달이 생기게 되면 이달은 '윤오월'이라고 부르면 된다. 또 1년 중 두 개의 무중월(無中月)이 있으면, 앞에 나온 무중월을 윤달로 한다. 하지에 가까운 달에 윤달의 분포가 많고 겨울에는 좀처럼 윤달이 될 수 없다(윤달은 5월에 가장 많고, 11, 12, 1월에는 거의 없다). 이것은 1월 5일경 지구가 태양에 대한 근일점을 통과하여 지구의 공전 속도가 빨라지기 때문에 한 달 안에 1절기 2중기 또는 2절기 1중기가 들기도 하기 때문이다.

우리의 태음태양력에서는 반드시 동지는 음력 11월에, 춘분은 음력 2월에, 하지는 음력 5월에, 그리고 추분은 음력 8월에 있어야 한다. 그래서 다음과 같은 몇 가지 법칙이 발생하게 되었다. (1) 윤달이 있는 해에는 입춘은 반드시 정월 또는 12월에 있다. (2) 입춘이 정월에만 한 번 있을 때는 1~4일경이며, 12월에만 한 번 있을 때는 26~30일 사이에 들게 된다. (3) 입춘이 한 번도 없는 해의 동짓날은 11월 5~16일 사이에 있으며, 전해나 다음 해에는 윤달이 있다. (4) 동지가 음력 11월 초순에 있으면 그해에 윤달이 있고, 11월 하순에 있으면 다음 해에 윤달이 있게 된다.

우리의 태음태양력에 따르면 윤달은 19년에 7번 생기며 1년의 길이가 아주 다양하다. 즉 평년은 353일, 354일 또는 355일이 되며 윤년은 383일, 384일 또는 385일이 된다. 이 숫자들에서 우리는 앞에서 살펴본 고대 그리스 달력의 메톤 주기를 떠올리게 된다 (6장 '그리스 달력' 참조). 하지만 그리스의 메톤 주기는 기원전 450년경에 이르러서야 개발된 것이지만, 중국에서는 이 방법이 이미 기원전 2025년경에 개발되어 있었다. 이런 계산은 어떻게 나왔을까?

19회귀년 = 19년 × 12달 × 30.43750일 = 6939.7500일 -①

19태음력 = 19년 × 12달 × 29.53085일 = 6733.0338일 -②

7윤달 = 7달 × 29.53085일 = 206.7160일 -③

①-(②+③) = 0.0002일

위의 계산식에서 소수점 이하는 의미가 없다. 왜냐하면 달력에는 온전한 날만 들어 있기 때문이다. 따라서 19회귀년과 19태음태양력에는 모두 정확히 6940일이 있으며, 우리의 태음태양력으로 19년은 정확히 19×12+7=235달인 것이다.

60갑자 – 햇수와 날짜 세기

우리 달력에는 정확하지만 아주 복잡해 보이는 천문학적인 계산뿐만 아니라 날의 흐름을 알려 주는, 요즘 달력의 일주일과 비슷한 면이 있기도 한 '60갑자'라는 장치도 들어 있다(표 31). 다만 60갑자를 통해 주기를 알 수는 있지만, 그렇다고 이것이 요즘의 '일주일'과 같이 '월'보다 작은 주기를 의미하는 것은 아니다. 그런 주기로는 상순·중순·하순과 같은 10일로 된 작은 단위가 있다. 하지만 이것 역시 전체적인 시간의 길이만을 나타낼 뿐이고, 요일과 같이 각 날을 나타내는 이름은 없다.

60갑자는 '하늘의 줄기'라는 뜻을 가진 10개의 천간(天干)과 '땅의 가지'라는 뜻을 가진 12개의 지지(地支)로 구성되어 있다.• 출생 연도에 따라 뱀띠니 토끼띠니 하는 자신의 '띠'가 결정되는데, 그 세어 나가는 순서는 다음 표와 같다(앞에서 살펴본 마야와 아즈텍의 달력에서도 이와 같은 방법으로 세어 나갔다). 60갑자에 따라 60년마다 또는 60일마다 같은 이름의 해와 날이 반복된다. 3·1 독립운동이 일어난 1919년이 기미년(己未年)이었으므로 60년 뒤인 1979년도 기미년이다. 1999년은 60갑자의 16번째 해인 기묘(己卯)년이므로 2000년은

• 10천간(天干): 갑(甲)=갑옷, 을(乙)=새, 병(丙)=남녘, 정(丁)=불·일꾼, 무(戊)=만발함·동녘, 기(己)=다스림, 경(庚)=서녘·저녁별, 오(午)=정남쪽·낮, 신(申)=서남서, 임(壬)=북녘, 계(癸)=물·겨울·북녘
12지지(地支): 자(子)=쥐, 축(丑)=소, 인(寅)=호랑이, 묘(卯)=토끼, 진(辰)=용, 사(巳)=뱀, 오(午)=말, 미(未)=양, 신(申)=원숭이, 유(酉)=닭, 술(戌)=개, 해(亥)=돼지

1. 갑자(甲子)	11. 갑술(甲戌)	21. 갑신(甲申)	31. 갑오(甲午)	41. 갑진(甲辰)	51. 갑인(甲寅)
2. 을축(乙丑)	12. 을해(乙亥)	22. 을유(乙酉)	32. 을미(乙未)	42. 을사(乙巳)	52. 을묘(乙卯)
3. 병인(丙寅)	13. 병자(丙子)	23. 병술(丙戌)	33. 병신(丙申)	43. 병오(丙午)	53. 병진(丙辰)
4. 정묘(丁卯)	14. 정축(丁丑)	24. 정해(丁亥)	34. 정유(丁酉)	44. 정미(丁未)	54. 정사(丁巳)
5. 무진(戊辰)	15. 무인(戊寅)	25. 무자(戊子)	35. 무술(戊戌)	45. 무신(戊申)	55. 무오(戊午)
6. 기사(己巳)	16. 기묘(己卯)	26. 기축(己丑)	36. 기해(己亥)	46. 기유(己酉)	56. 기미(己未)
7. 경오(庚午)	17. 경진(庚辰)	27. 경인(庚寅)	37. 경자(更子)	47. 경술(庚戌)	57. 경신(庚申)
8. 신미(辛未)	18. 신사(辛巳)	28. 신묘(辛卯)	38. 신축(辛丑)	48. 신해(辛亥)	58. 신유(辛酉)
9. 임신(壬申)	19. 임오(壬午)	29. 임진(壬辰)	39. 임인(壬寅)	49. 임자(壬子)	59. 임술(壬戌)
10. 계유(癸酉)	20. 계미(癸未)	30. 계사(癸巳)	40. 계묘(癸卯)	50. 계축(癸丑)	60. 계해(癸亥)

표 31 **60갑자** – 10개의 천간과 12개의 지지로 구성되어 있다.

17번째인 경진(庚辰)년, 그리고 천문학적으로 새로운 밀레니엄이 시작되는 2001년은 신사(辛巳)년이며 이때 태어나는 사람들은 모두 뱀띠가 된다.

단기(檀紀)

아득한 옛날 하느님(桓因)의 아들 환웅(桓雄)이 하늘 아래로 내려가 인간 세상을 구하고자 하였다. 아들의 뜻을 안 하느님이 태백(太伯)을 내려다보니 과연 인간 세상을 이룩할 만하였다. 그래서 천부인(天符印)을 주고 가서 다스리게 하였다. 환웅은 3천 명의 무리를 이끌고 지금은 묘향산이라고 불리는 태백산(太伯山) 꼭대기에 있는 신단수(神檀樹) 밑으로 내려왔다. 환웅은 풍백(風伯)·우사(雨師)·운사(雲師)를 거느리고 삼백육십여 가지 일을 주관하며 인간 세상을 다스리고 있었다.

이때 곰 한 마리와 호랑이 한 마리가 사람이 되기를 원하니, 환웅은 쑥 한 줌과 마늘 스무 개를 주며 너희들이 이것을 먹고 백일 동안 햇빛을 보지 않으면 인간이 될 것이라고 하였다. 호랑이는 참지 못하고 굴 밖으로 나와서 결국 사람이 되지 못하고 말았지만 곰은 이것을 지켜 고운 여자로 변하였다. 곰은 비록 사람이 되기는 하였으나 혼인할 짝을 찾지 못해 신단수 밑에서 빌면서 잉태하기를 소원하였다. 이에 환웅이 곰과 혼인하여 아들을 낳으니 그가 바로 단군왕검(檀君王儉)이다. 이윽고 단군왕검이 즉위하여 고조선(古朝鮮)을 세웠으니, 때는 요(堯) 임금 즉위 50년 경인(庚寅)으로 기원전 2333년이다. 이상은 우리가 잘 알고 있는 한민족의 건국 신화이며, 여기서 우리나라의 기원(紀元) 연호인 단기(檀紀)가 시작된다.

그러면 단군 기원 연호가 처음 사용된 것은 언제일까? 고려 말에 우왕(禑王, 재위 1375-1388)의 어린 시절 사부로 있던 백문보(白文寶, ?-1374)가 처음 사용하였고, 조선 말기 단군을 숭상하는 대종교(大倧教)에서 다시 사용하기 시작하였다. 그리고 1948년 정부 수립과 함께 우리나라의 공식 연호로 모든 공문서에서 사용하였다. 그러다가 1961년 5·16 군사정변 후 설치된 국가재건최고회의에서 12월 2일 「연호에 관한 법률 제755호」로 단군 기원 4295년 1월 1일을 서기 1962년 1월 1일로 공포하면서 폐지되었다. 한편 단군 기원은 양력 또는 음력의 새해 기준에 맞추어서 1년을 추가하는 것이지 양력이나 음력 중 어느 하나를 기준으로 삼는 것은 아니다.

3 우리나라 전통 명절

유럽 사람들도 음력을 필요로 한다. 집안 제사를 지내는 것도 아니고 음력으로 생일을 세는 것도 아닌 유럽인들인데 굳이 음력 달력을 필요로 하는 것은 부활절을 비롯한 많은 교회 축일들이 음력에 따라 정해지기 때문이다. 우리나라의 경우에는 말할 것도 없다. 생일과 제삿날을 확인하는 일은 물론 사주팔자를 따지고 택일을 하는 등 가정의 대소 행사가 대개 음력을 기준으로 행해진다. 사회 전체의 행사가 음력에 의거하여 행해지기도 한다. 바로 명절이다. 우리나라의 전통 명절은 한식과 동지를 빼고는 모두 음력에 따라 정해진다.

우리나라에도 다른 나라 못지않게 많은 명절이 있다. 그리고 각 명절에는 애틋한 전설과 함께 아름다운 풍습이 깃들어 있다. 우리 명절은 달수와 날수가 같은 홀수인 날에 있는 경우가 많다. 1월 1일(설날), 3월 3일(삼짇날), 5월 5일(단오절), 7월 7일(칠석), 9월 9일(중양절) 등이 그러하다(표 32 참조). 이런 날을 명절로 삼는 것은 음양설(陰陽設)에서 온 것인데, 홀수를 양수(陽數)라 하고 양수가 겹치는 날을 길일이라고 생각한 때문이다. 우리 전통 명절의 유래와 풍습을 간단히 살펴보자.

설(음력 1월 1일)

'설'은 '사린다', '사간다'에서 온 말로 조심한다는 뜻이다. 설은

명절	날짜 (음력)	풍습	놀이	음식
설	1월 1일	차례, 세배, 성묘, 설빔, 복조리	윷놀이, 연날리기	떡국, 만두
대보름	1월 15일	달집태우기, 더위팔기, 달맞이	쥐불놀이, 줄다리기	오곡밥, 묵은 나물
한식	미정	차례, 성묘		개피떡
삼짇날	3월 3일	답청, 유생	풀각시놀이, 활쏘기	화전, 절편, 수면
초파일	4월 8일	연등, 천렵	물박차기	증편, 어채
단오	5월 5일	창포머리감기	그네뛰기, 씨름	수단, 창포술
유두절	6월 15일	유두잔치		밀쌈, 유두면
삼복	6월 중			영계백숙, 수박
칠석	7월 7일	밀전병, 햇과일		
백중	7월 15일	작두말타기, 백중장, 머슴잔치	씨름, 농악	
추석	8월 15일	차례, 길쌈	강강수월레, 가마싸움	송편, 햇과일
중양	9월 9일	등고		국화전, 화채
상달	10월	고사		무 시루떡
동지	11월 중	부적, 책력, 고목제		팥죽
납일	12월 말일	동제, 수세, 나례	대불놓기	고기구이

표 32 우리나라 전통 명절 (* 한식은 태양력으로 셈, 동지 후 105일째 날)

한 해가 시작된다는 뜻에서 모든 일에 조심스럽게 첫발을 내딛는 매우 뜻깊은 명절이다. 나쁜 것을 멀리하고 복을 끌어들이기 위해서 근신하고 경거망동을 삼간다. 그래서 설날을 신일(愼日, 삼가는 날)이라고 하고, 이날에는 바깥에 나가는 것을 삼가고 대개 집안에서 지냈다.

설날은 '원단(元旦)' 또는 '세수(歲首)'라고도 한다. 선달 그믐 저녁부터 복을 기원하고 잡귀를 막는 의미로 복조리, 갈퀴, 체 등을 벽에 걸고 새해 맞이 준비를 한다. 설날 아침에는 설빔을 마련해 입고 정성껏 준비한 음식으로 조상에게 차례를 드린다. 차례를 드린

후 어른들께 세배를 하는데, 절을 받은 어른들은 덕담을 하거나 세뱃돈을 준다.

차례는 떡국으로 지내는데, 떡국을 먹는다는 것은 나이를 한 살 더 먹는다는 의미가 된다. 또 데우지 않은 찬술을 마시는데, 이 술을 마시면 질병을 앓지 않는다고 하며 봄을 맞이하는 뜻도 들어 있다. 온가족과 친지가 모여 윷놀이, 널뛰기, 연날리기, 자치기, 제기차기 등을 하면서 논다.

대보름(음력 1월 15일)

정월 보름은 그해의 첫 번째 보름날로 예로부터 중하게 여겨 독특한 풍속이 많다. 대보름은 '상원(上元)'이라고도 한다. 이날에는 농사와 관련하여 풍요를 기원하는 많은 행사들이 벌어진다. 아침 일찍 한 해의 안녕과 무병을 기원하며 부럼을 까고 귀밝이술(耳明酒)을 마신다. 또 쌀, 찹쌀, 팥, 콩, 수수를 넣어 오곡밥을 지어 먹으며 여러 가지 나물을 김에 싸먹는다. 그런가 하면 더위 먹지 않고 여름을 보내기 위해 '더위팔기'를 하는데, 이른 아침 친구에게 찾아가 이름을 불러 대답하면 '내 더위 사가라'고 말하는 것이다.

풍년을 기원하며 마을 사람들이 모여 제사를 지내거나 줄다리기, 지신(地神)밟기, 차전(車戰)놀이 등을 벌인다. 한 해의 나쁜 재앙을 멀리 보내는 의미로 하늘에 연을 날려 보내고, 달이 뜰 무렵에는 잡귀와 해충을 쫓는 뜻으로 둑에 불을 지르거나 쥐불놀이를 한다. 달을 보며 한 해의 행복을 기원하기도 한다.

한식(寒食, 동지 후 105일째 날)

설날·단오·추석과 함께 4대 명절의 하나로, 음력 2월 또는 3월에 든다. 새롭게 봄농사가 시작되고 새싹이 돋아나는 시기라 하겠다. 2월에 한식이 드는 해는 철이 이르고, 3월에 드는 해는 철이 늦다. 그래서 "2월 한식에는 꽃이 피어도 3월 한식에는 꽃이 피지 않는다."라는 말이 전한다. 태양의 주기를 따르면서도 24절기 속에 들어 있지는 않다.

한식은 어느 해나 청명절 바로 다음 날이거나 같은 날에 든다. 이때는 양력 4월 5, 6일쯤으로 나무심기에 알맞은 시기이다. 우리나라에서 4월 5일을 식목일로 정하여 나무를 심는 이유도 여기에 있다. 한편 농가에서는 한식부터 채소 씨를 뿌리는 등 본격적인 농사철로 접어든다.

한식에는 과일, 떡, 과자 등과 함께 국수를 올려 차례를 지내고 조상의 묘를 손질한다. 그리고 이날에는 이름 그대로 찬밥을 먹는 풍습이 있다. 이것은 고대의 종교적 의미로 매년 봄에 나라에서 새 불〔新火〕을 만들어 쓸 때 그에 앞서 일정 기간 묵은 불〔舊火〕을 일절 금지시켰던 옛 풍습에서 유래한 것으로 보기도 하고, 또 이 무렵에는 풍우가 심하여 불을 금하고 찬밥을 먹었던 중국의 옛 풍속에서 유래를 찾기도 한다.

또 개자추(介子推) 전설에 그 기원을 두기도 한다. 중국 진(晉)나라 문공(文公)이 추방당하여 방랑 생활을 할 때, 거의 굶어 죽게 된 문공을 개자추가 자기 넓적다리 살을 베어 구워 먹여 살린 일이 있었다. 뒤에 왕위에 오른 문공이 개자추를 불렀으나 개자추는 산에 들어가 숨어 살았다. 이에 문공이 개자추를 나오게 하기 위해 산에 불을 질렀으나 끝내 나오지 않고 불에 타 죽고 말았다. 그 후 그를 애도하는 뜻에서 불을 금하고 찬 음식을 먹는 풍속이 생겼다고도 한다.

삼짇날(음력 3월 3일)

음력 3월 3일을 '삼짇날' 또는 '답청(踏靑)일'이라고 한다. 지금은 삼월 삼짇날을 강남 갔던 제비가 돌아오는 날 정도로 알고 있지만 옛날에는 봄철의 큰 명절이었다. 이날에는 제비뿐 아니라 나비나 새도 돌아온다는데, 흰나비를 보면 그해에 상복(喪服)을 입게 되어 좋지 않고 노랑나비나 호랑나비를 보면 운수가 좋다는 말이 전한다.

우리나라에서는 오랜 옛날부터 삼월 초순을 봄의 명절로 삼았는데, 후세에 이 삼월 초사흗날이 명절로 정해진 것이다. 고구려 시대에는 이날이 되면 낙랑벌에서 사냥대회를 열었으며, 신라 때에는 재액을 털어 버리는 의식을 치렀다. 또 고려 때에는 답청(踏靑)을 하였다. 궁중에서는 뒤뜰에 관리들이 모여 물가에 둘러앉아 상류에서 임금이 띄운 술잔이 자기 앞에 흘러오기 전에 시를 짓고 잔을 들어 마시는 곡수연(曲水宴)이란 놀이가 성하였다. 경주의 포석정에는 이 놀이의 흔적이 남아 있다. 조선 시대에는 이날 조정에서 덕망이 높은 노인들을 모아 잔치를 차려 주는 '기로회(耆老會)'를 베풀었다.

민간에서는 진달래꽃을 뜯어다가 화전(花煎)을 부쳐 먹으며 즐긴다. 각처의 한량들이 활터에 모여 편을 짜 활쏘기대회를 열고 수탉을 싸움 붙여 닭쌈놀이를 하기도 한다. 부녀자들은 이날에 머리를 감으면 머리카락이 소담하게 된다 하여 다투어 머리를 감았다.

초파일(음력 4월 8일)

4월 초 8일은 석가모니가 탄생한 '부처님 오신 날'이다. 초파일은 처음에는 절에서만 경축하는 날이었지만 고려 중엽부터 일반인들도 경축하는 큰 명절이 되었다. 불교를 배척하고 유교를 숭상하던 조선 시대에도 이미 민속으로 굳어져 집집마다 연등을 달았고, 서울 시골을 가릴 것 없이 어느 곳에서나 꽃등을 만들어 팔았다.

특히 '달등'이라는 장난감 시장이 서서 아이들에게는 매우 흥겨운 날이 되었다. 남자아이들에게는 장난감으로 범 · 피리 · 오뚝이를, 여자아이들에게는 노리개로 각시 · 가마 · 꽃 · 소꿉그릇 따위를 팔았다. 그래서 이날은 오직 하루뿐인 어린이를 위한 잔칫날이었다.

이날에는 절에서 불공을 드리고 연등행사나 제등행렬(提燈行列), 혹은 등을 들고 절의 탑 주위를 도는 '탑돌이'를 한다. 이 풍속은 고려 시대의 팔관회(八關會)에서 유래된 것으로, 모든 사람들의 마음을 밝혀 불교적 진리의 세계로 귀의하고 가정과 나라를 위하는 기원의 뜻이 담겨 있다. 이 외에도 사람들은 절에 가서 법어(法語)를 들으며 몸과 마음을 새로이 가다듬기도 하였다.

단오(端午, 음력 5월 5일)

단오는 설·한식·추석과 함께 우리나라 4대 명절의 하나이며, '수리' 또는 '천중절(天中節)'이라고도 한다. 1년 중 양기가 가장 강한 날로서, 풍작을 기원하는 날이다. 남녀노소 할 것 없이 모두 새옷으로 갈아입고 즐겁게 노는 날로 되어 있다. 남자들은 씨름대회를 열고, 여자들은 그네를 뛰면서 즐긴다. 또 궁중이나 일반 가정에서나 여자들은 창포 삶은 물에 머리를 감고 약수터 같은 데서 물맞이를 한다.

단오의 '단(端)' 자는 '처음'이라는 뜻이며, '오(午)' 자는 다섯 '오' 자와 발음이 같으므로, 단오라고 하면 초닷새라는 뜻이 되기 때문에 5월 5일의 이 명절을 단오라고 부르게 되었다. 단오는 더운 여름을 맞기 전 초여름의 계절이며, 모내기를 끝내고 풍년을 기원하는 제삿날이 된다. 단오 행사는 북쪽으로 갈수록 번성하고 남으로 갈수록 약해지는데, 남쪽에서는 대신 추석이 강해진다.

단오의 유래는 중국 초(楚)나라 회왕(懷王) 때부터이다. 굴원(屈原)이라는 신하가 간신들의 모함에 자신의 지조를 보이기 위하여 강에 몸을 던져 자살했는데, 그날이 5월 5일이었다. 그 뒤 해마다 굴원의 영혼을 위로하기 위하여 제사를 지내게 되었고, 이것이 우리나라로 전해져서 단오가 되었다고 한다.

단오의 대표적인 풍속으로는 창포에 머리감기를 들 수 있다. 창포에 머리를 감으면 머리카락이 소담하고 윤기가 돌고 빠지지 않는다고 한다. 또 몸에 이롭다고 하여 창포를 삶은 물을 먹기도 하였다. 창포 뿌리를 잘라 비녀 삼아 머리에 꽂기도 하였으며, 비녀에 '수(壽)'·'복(福)' 자를 써서 복을 빌거나 양쪽 볼에 붉게 연지를 바르기도 하였다. 붉은색은 양기를 상징해서 악귀를 쫓는 기능이 있다고 믿어 연지 칠을 하는 것이다.

유두절(流頭節, 음력 6월 15일)

우리 민족은 예나 지금이나 깨끗한 것을 좋아하는 천성을 지니고 있다. '유두'는 '동류수두목욕(東流水頭沐浴, 동쪽으로 흐르는 물에 머리를 감는다)'을 줄인 말이며, 유두절에는 동쪽으로 흐르는 물에 머리뿐 아니라 온몸을 담가 씻는다. 이렇게 하면 상서롭지 않은 것을 쫓고 여름에 더위를 먹지 않기 때문인데, 특히 동쪽을 청(淸)이요 양기가 많다고 여겨 동쪽의 냇가를 많이 찾는다.

신라 시대에 경주에서는 오래도록 이 풍습이 전해 왔으나, 다른 지방에서는 행사가 많이 달라져 피서 놀이나 하는 것이 보통이 되었다. 유두는 삼복 중에 들어 있어서 문사들은 계곡이나 물가의 정자를 찾아 풍월을 읊으며 하루를 즐긴다. 국수와 떡으로 사당에 제사를 지내고, 술과 떡을 마련하여 이웃과 머슴에게 주고 나누어 먹는데 이를 품앗이 대접이라고 한다.

삼복(三伏, 음력 6월과 7월 사이)

음력 6월과 7월 사이에 들어 있는 세 번의 절기로, 순서대로 초복·중복·말복이라 한다. 초복은 하지로부터 세 번째 경일(庚日, 십간 중 일곱 번째 날), 중복은 네 번째 경일, 말복은 입추로부터 첫 번째 경일이다. 복날은 열흘 간격으로 오기 때문에 초복과 말복까지는 20일이 걸린다. 삼복 기간은 여름철 중에서도 가장 더운 시기로, 몹시 더운 날씨를 가리켜 '삼복더위'라고 하는 말이 여기에서 연유한다.

복날에는 보신을 위하여 특별한 음식을 장만하여 먹는다. 중병아리를 잡아서 영계백숙을 만들어 먹거나 더위를 먹지 않고 질병에도 걸리지 않는다 하여 팥죽을 먹기도 한다.

칠석(七夕, 음력 7월 7일)

일 년에 꼭 한 번씩밖에는 만나지 못하는 별들이 있다. 은하수의 동쪽 독수리 별자리의 알타이어(α) 별과 서쪽 거문고 별자리의 베가(β) 별이 그렇다. 이 두 별의 만남은 태양 황도상의 운행 때문이지만 옛 사람들은 여기에 기막힌 사랑 이야기를 아로새겨 놓았다.

하늘 나라 목동인 견우는 옥황상제의 손녀인 직녀를 만나 사랑을 나눈다. 그러나 서로를 너무 사랑했던 이들 부부는 결혼 후 게으름만 피운다 하여 옥황상제의 노여움을 사 은하수의 동쪽과 서쪽으로 평생 떨어져 살아야 하는 벌을 받는다. 안타까운 사랑 이야기를 전해 들은 까치와 까마귀들이 견우와 직녀를 돕겠다고 나선다. 1년에 하루 7월 7일에 세상의 모든 까치와 까마귀들은 하늘에 올라가 오작교(烏鵲橋)를 놓아 부부가 상봉할 수 있도록 해 준 것이다. 이 때문에 칠석날이면 까치와 까마귀를 볼 수가 없다고 한다.

또 이날 저녁에 비가 오면 견우와 직녀가 만난 기쁨의 눈물이고, 이튿날 새벽에 비가 오면 이별의 슬픈 눈물이라고 전한다.

칠석은 원래 중국의 민속 절기로서 우리나라에 전래되었다. 고려 공민왕은 이날 몽고 출신의 왕후와 더불어 내정에서 견우·직녀별에 제사하였다. 조선 시대에는 궁중에서 잔치를 베풀고 성균관 유생들에게 과거를 실시하였다. 민간에서는 이날 새로 나온 벼로 칠석차례를 지냈다. 부녀자들은 우물을 깨끗이 치우고 샘제를 지내거나, 칠성제(七星祭)나 칠석제(七夕祭)를 지내며 집안과 자녀를 위해 빌기도 한다. 이날 젊은이들이 견우성과 직녀성에 소원을 빌면 그 소원이 이루어진다고 한다. 또 여자들은 이날 아침에 풀잎에 맺힌 이슬로 분을 개어 단장을 하며 의복을 볕에 말렸다. 선비들은 책을 내다 볕에 쬐었다. 옷과 책을 볕에 쬐는 것을 '쇄서포의(曬書曝衣)'라고 하였다.

음력 7월이면 밭곡식인 밀과 보리를 수확할 때이다. 그래서 이맘때면 밀개떡을 빚거나 제철을 만난 호박과 고추를 썰어 넣고 밀전병을 부쳐 먹었다. 또 처녀들은 피부가 고와진다 하여, 남자들은 건강해진다 하여 복숭아를 많이 먹었다.

백중(伯仲, 음력 7월 15일)

백중은 이 무렵에 과실과 채소가 많이 나서 백 가지 곡식의 씨앗을 갖추어 놓았다 해서 유래된 명칭이다. 이날은 '머슴날'이라고도 하며, 농가에서는 호미를 씻어둔다고 해서 '호미씻기날'이라고도 한다. 머슴들이 7월 보름경 용(龍)날을 택하여 지주들이 마련해 준 술과 음식으로 하루를 흥겹게 즐긴 풍습에서 비롯된 말이다.

백중 명절은 주로 중부 이남 지방에서 행해졌는데, 경상남도 밀양 지방의 백중놀이가 유명하고, 이와 비슷한 놀이로서 중부 이남에 널리 퍼진 호미씻기가 있다. 두 가지 모두 7월 보름 무렵 벼농사 중 가장 힘든 논매기가 끝나기 때문에 이를 자축하며 쉬는 행사였다. 그래서 이날을 '머슴생일'이라고도 불렀다. 백중날에는 머슴들끼리 씨름과 들돌 들기로 힘을 겨뤄서 그해 최고의 머슴을 가린다. 장원에 뽑힌 사람은 버드나무로 삿갓을 만들어 거꾸로 쓰고 도롱이를 입은 채 소와 작두말을 타고 한바탕 신명나게 논다.

농가에서는 이날 머슴을 하루 쉬게 하고 돈을 주었다. 머슴들은 그 돈으로 장에 가서 술도 마시고 물건도 샀다. 그래서 '백중장'이란 말도 생겼다. 백중장은 특히 장꾼들이 많고 구매가 많은 장이었다. 또 장터에는 놀이꾼들이 들어와서 취흥에 젖은 농꾼들과 어울렸다.

추석(秋夕, 음력 8월 15일)

우리나라의 4대 명절을 꼽자면 설·한식·단오·추석이지만, 특히 3대 명절을 꼽자면 설과 단오와 '한가위'라고도 불리는 추석이다. 바야흐로 한더위가 물러가고 서늘한 가을철로 접어든 때이다. 이 무렵에는 넓은 들판에 오곡이 무르익으며 온갖 과일이 풍성하다. 좋은 시절이고 만물이 풍성한 때여서, 예로부터 "더도 덜도 말고 늘 가윗날만 같아라." 하는 말이 있다. 이날에는 집집마다 햇곡식으로 만든 술과 송편에 햅쌀밥을 지어 조상에 제사 지내고 성묘한다.

추석은 이미 삼국 시대 초기부터 명절로 삼았다. 『삼국사기(三國史記)』에 의하면, 신라 제3대 유리왕(儒理王) 때에 도읍 안의 부녀자들을 두 패로 나누어 왕녀가 각기 거느리고 7월 15일부터 8월 한가위까지 한 달 동안 두레 삼 삼기를 하였다. 마지막 날에 심사를 해서 진 편이 이긴 편에게 한턱을 내고 같이 '회소곡(會蘇曲)'을 부르며 놀았다고 한다.

추석 무렵은 좋은 계절이고 풍요한 때이기에 누구나 마음이 유쾌하고 한가해서 저절로 어울려 놀게 된다. 농꾼들이 모여 농악을 치며 그해 농사를 잘 지은 집이나 부잣집을 찾아가면 술과 음식으로 일행을 대접한다.

농가도 잠시 한가하고 여유가 있어 며느리에게 말미를 주어 친정에 다녀오게 한다. 떡과 술을 빚고 닭이나 달걀꾸러미를 들고 친정에 근친(覲親)을 간다. 근친을 갈 수 없는 경우에는 '반보기'를 한다. 친정에 미리 통문을 해서 중간의 경치 좋은 곳을 정하여 딸은 친정어머니가 즐기는 음식을, 친정어머니는 딸이 좋아하는 음식을 마련해서 만나는 것이다.

중구·중양(重九·重陽, 음력 9월 9일)

9는 양수인데, 양수가 겹치는 날이므로 '중구' 또는 '중양'이라고 한다. 제비가 강남으로 돌아가는 날이라고 하여, 이 무렵이면 제비를 볼 수 없다. 삼짇날에 약물신(약을 다스리는 신)이 하늘에서 내려왔다가 9월 9일 돌아가므로, 이날이 지나면 몸을 씻어도 덕을 못 본다고 한다. 그래서 사람들은 이날 약수터로 몰려가기도 한다.

이때는 국화가 만발하는 시절이기 때문에 국화와 관계되는 풍습이 많다. 국화를 송이째 따다가 찹쌀가루를 묻혀서 기름에 지진 '국화전'을 만들어 먹는다. 또 화채도 만들어 조상에게 차례를 드렸다. 이날 국화를 따서 말렸다가 베갯속에 넣으면 바푸머리(골치가 아픈 풍병의 하나)가 없어진다고 믿었다.

상달(음력 10월)

음력 시월을 1년 열두 달 중 가장 높은 달이라는 뜻에서 '상달'이라고 한다. 상달을 10월로 정한 것은 단군이 왕검성을 서울로 정하고 하늘에 제사하고 즉위한 개천절(開天節)이 있기 때문이다. 이날에 지내는 고사는 1년 동안 농사를 지어 많은 햇곡을 거두게 된 것이 오직 하느님과 조상의 덕분이라고 생각하여 감사하는 뜻이 있다.

음력 10월에 보통 '입동'이 들게 된다. 황경이 255도에 달하는 때로, 물과 땅이 얼기 시작하는 때이다. 이날부터 김장 준비에 바빠진다.

동지(冬至, 음력 11월 중)

동지는 밤이 가장 긴 날이다. 동지는 태양의 황경이 270도에 왔을 때로, 양력으로는 12월 22일, 23일쯤 된다. 음력으로는 11월 초순이나 중순이다. 음력 11월을 동지가 든 달이라고 해서 '동짓달'이라고 한다.

동짓날이 지나면 하루에 낮의 길이가 1분 정도씩 길어지는데, 이런 현상을 보고 옛 사람들은 동지 때부터 다시 기운을 회복하는 것이라고 생각하였다. 그래서 옛날 태양신을 숭배하던 때에는 동지를 설날로 삼기도 하였다. "동지를 지나야 한 살 더 먹는다." 또는 "동지 팥죽을 먹어야 진짜 나이를 한 살 더 먹는다."라는 말이 나온 연유이다. 그래서 동지를 '작은 설'이라고도 부른다.

과거에는 동짓날에 다음 해 달력을 만들었는데, 요즘도 이때를 전후해 달력을 선물한다. 동짓날에는 팥죽을 먹는데 새알은 나이 수만큼 넣어 먹는다. 동짓날 날씨가 따뜻하면 다음 해에 질병이 들고, 눈이 많이 오고 추우면 풍년이 들 징조라고 하였다.

납일(臘日, 음력 섣달 그믐)

음력 12월 마지막 밤, 즉 섣달 그믐날 밤을 '제석(除夕)' 또는 '제야(除夜)'라고 한다. 모든 묵은 것이 제거되고 덜어지는 밤, 즉 청산하는 저녁이라는 것이다. 그래서 이날 저녁에는 지나간 한 해 동안에 하지 못한 모든 인사까지도 닦아 두자고 하여 '구세문안(舊歲問安)'이나 '묵은세배'를 한다.

구세문안은 섣달 그믐날에 종2품 이상의 신하가 대궐에 들어가서 묵은해의 문안을 드리는 것이다. 또 각 가정에서는 한 해 동안

무사히 지냈다는 인사로 사당에 칠을 하고 집안 어른께 묵은세배를 드린다. 연중의 계산을 정리하고 진 빚도 이날 깨끗이 갚는다. 만일 이때 청산을 못한 빚이 있으면 정월 보름까지는 갚지도 않고 또 갚으라고 독촉도 하지 않는 것이 상례이다.

이날 밤은 '수세'라고 하여 집집마다 등불을 밝히고 새벽닭이 울 때까지 밤샘을 하며 잡귀가 범하지 못하게 하는 풍습이 있었다. 이날 밤에 잠을 자면 눈썹이 센다고 하는 속설이 있다.

현대 달력의 허점들

1 현대 달력의 문제점

현대 달력이란 오늘날 우리가 사용하고 있는 달력이다. 지금부터 2000년 전에 율리우스 카이사르가 만들고 그로부터 1600년 후에 한 로마 교황이 고친 달력이다. 이 달력은 어느덧 전 세계 대부분의 사람들이 공통적으로 사용하는 달력이 되었고, 이 달력을 우리는 너무도 당연한 기준으로 삼아 매년 새로 달력을 만들고 또 그 달력에 표시된 날짜와 요일에 우리의 생활을 맞추어 살고 있다.

그런데 잠깐만 생각해 보아도 이 달력은 불편한 점이 한두 가지가 아니다. 매년 날짜와 요일이 달라 장기적인 예정을 하기가 어려울 뿐만 아니라 국경일이 일요일과 겹쳐져서 휴일을 손해 보는 불이익까지 감수해야 한다. 뭔가 획기적인 개선이 필요한 것도 같은

	월	화	수	목	금	토	일
1995							■
1996	■						
1997			■				
1998				■			
1999					■		
2000						■	
2001	■						
2002		■					
2003			■				
2004				■			
2005						■	
2006							■
2007	■						
2008		■					
2009				■			
2010					■		
2011						■	
2012							■
2013		■					
2014			■				
2015				■			
2016					■		
2017							■
2018	■						
2019		■					

표 33 1월 1일의 요일(1995~2019년)

데, 무엇을 어떻게 또 누가 나서서 고쳐야 할 것인가 하는 데 생각이 이르면 자연스레 포기하게 된다. 앞에서 살펴보았듯이 실제로

몇몇 혁명가들이 나서서 이 달력을 완전히 뜯어고쳐 보려고 하였지만, 결국 한결같이 찻잔 속의 태풍으로 끝나고 말았다.

그러면 현대 달력 즉 그레고리우스 달력의 단점은 구체적으로 무엇인가 하는 문제에 대해서부터 따져 보자. 이 물음에 대해 평범한 개인이나 일국 정부가 아니라 국제연합(UN)이 1947년에 한 문서•를 통해 납득할 만한 대답을 한 적이 있다. 현대 달력의 문제점들을 살펴보면 결국 다음과 같은 다섯 가지로 정리된다.

1 한 해의 첫날인 1월 1일의 요일이 매년 다르다.

2 한 달, 4분기, 2분기의 길이가 일정하지 않다.

3 한 주일이 두 달에 걸쳐 있는 경우가 대부분이다.

4 부활절과 이에 결부된 많은 교회 축일이 오락가락한다.

5 새해 첫날인 1월 1일은 천문학적으로 아무런 의미가 없는 날이다.

요일이 변한다

UN은 그레고리우스 달력의 첫 번째 문제로서 1월 1일의 요일이 일정하지 않고 매년 바뀐다는 점을 지적하였다. 옆의 표(표 33)는 1월 1일의 요일이 어떻게 변하는가를 일목요연하게 보여 준다. 보통의 경우 1월 1일의 요일은 하나씩 뒤로 미루어진다. 1995년이

• document E/465(1947년 7월 14일)

일요일로 시작되었으면 1996년은 월요일로 시작되는 식이다. 따라서 검소한 사람들은 달력을 버리지 않고 모았다가 7년 후에 다시 사용해야겠다고 생각할 수도 있다.

하지만 윤년이 4년에 한 번씩 있기 때문에 그리 간단하지가 않다. 평년의 달력은 윤년에 사용할 수가 없다. 일곱 개의 요일 각각에 대하여 평년과 윤년이 가능하므로, 최소한 14개의 달력이 있어야 달력을 재사용할 수가 있다.

1999년은 금요일로 시작되었다. 2010년에야 다시 금요일로 시작되는 해를 맞는다. 그렇다고 해서 2010년에 1999년 달력을 사용할 수 있다고 말하는 것은 아직 성급하다. 먼저 두 해가 모두 평년인지 또는 윤년인지 확인해야 한다. 이 경우는 둘 다 평년이다. 그러나 아마도 각종 교회력이 일상생활에 미치는 영향이 지대한 유럽에 살고 있거나 음력을 꼭 알아야 하는 사람이라면 1999년 달력을 2010년에 다시 사용할 수는 없을 것이다. 왜냐하면 부활절을 비롯한 각종 교회 축일과 제삿날은 아마도 다른 날에 가 있을 것이기 때문이다.

대부분의 한국 사람들에게 교회력은 아무런 의미가 없다. 하지만 자신의 생일이 무슨 요일인지 또는 국경일과 주말이 연달아 있어서 여행을 떠날 수 있는지를 따져 보려면 요일을 알려 주는 달력은 매우 중요하다. 특히 우리나라처럼 국경일이, 예를 들어 '10월 세 번째 수요일' 같은 식이 아니라 '한글날은 10월 9일'과 같은 식으로 정해진 나라에서는 더욱 그러하다. 컴퓨터는 이에 대한 계산을 상당히 쉽게 만들어 주었으나, 실제로 달력 대신 컴퓨터로 특정 일의 요일을 찾아보는 사람들이 얼마나 되겠는가.

이와 같이 1월 1일의 요일이 바뀜으로써 생긴 첫 번째 문제는 매년 달력을 새로 구득해야 하는 일이다. 집집마다 방방마다 걸려 있는 그 무수한 달력을 인쇄하기 위하여 들어가는 종이, 그리고 그 종이를 만들기 위해 파괴되어야 하는 엄청난 크기의 숲을 생각한다면 매년 달력을 새로 찍어야 한다는 것은 결코 사소한 문제가 아니다.

환경 문제를 심각하게 여기지 않은 사람을 위해서 준비된 또 다른 문제가 있다. 1월 1일의 요일이 매년 바뀜에 따라 우리의 근무일은 매년 변한다. 한 독일 신문의 다음과 같은 기사는 이 문제를 잘 보여 준다.

> 1992년에는 근무일이 더 많다
>
> (쾰른) 1992년은 특히 경영주에게 이로운 해이다. 쾰른 소재 '독일경제연구소'는 작년과 금년의 달력을 비교한 결과 금년에는 작년보다 근무일이 3.5일 더 많다고 밝혔다. 여기에는 윤년도 작용을 했는데 그 결과 2월의 근무일이 하루 더 늘었다. 또 독일통일기념일인 10월 3일과 대축일인 11월 1일이 대부분의 직장이 쉬는 토요일이다. 따라서 쾰른 경제연구소의 계산에 따르면, 독일 사람들은 금년 366일 중 평균 251.9일을 일해야 한다.
>
> 생활 필수품 생산 업체와 식료품과 기호품 생산 업체는 근무일이 늘어

1995년	1996년	1997년	1998년	1999년	2000년	2001년
		297일	300일	300일	298일	

표 34 우리나라의 공식 근무 일수(1995～2001년)

> 났다는 경제연구소의 발표를 듣고 반가운 기색을 보였다. 이들은 비싼 초과 근무 수당을 크게 절약할 수 있기 때문이다.•
>
> 이에 반해 기계 설비 업체들은 1991년에 비해 더 많은 노동시간 감축을 해야만 한다. 이 부문 산업의 성장 가능성이 금년에는 특히 어두워 보이기 때문이다. 전반적으로 1992년은 노동시장의 불안이 예상되고 있다.
>
> 『디 벨트(*Die Welt*)』

달력 개혁의 반대자들이 흔히 주장하는 논거가 위와 같은 이유에 있다. 특정일의 요일을 고정시키면 경제 발전에 장애가 될 수 있다는 것이다. 그러나 잊지 말아야 할 것은 경제는 사람들로 인해 가능한 것이며, 사람들은 돈을 벌기를 원하고 또 벌어야 하는 입장에 있다는 것이다. 참고로 1995년부터 2001년까지의 우리나라의 공식 근무 일수는 위와 같다(표 34).

달의 길이가 다르다

우리는 어려서부터 큰 달과 작은 달을 주먹만 쥐면 구별할 수 있었

• 독일의 경우 사업주들은 1990년 7월 기준으로 공휴일이 일요일과 겹치면 약 70억 마르크, 토요일과 겹치면 약 60억 마르크를 절약할 수 있다. 1마르크는 약 630원이다.

상반기						하반기					
1/4분기			2/4분기			3/4분기			4/4분기		
1월	2월	3월	4월	5월	6월	7월	8월	9월	10월	11월	12월
31일	28일	31일	30일	31일	30일	31일	31일	30일	31일	30일	31일
90일			91일			92일			92일		
181일						184일					

표 35 분기별 날짜 수 - 달의 길이가 달라서 생기는 문제

다. 큰 달과 작은 달이 서로 엇갈려 있으므로 별 문제가 없어 보인다. 그런데 3개월씩 4분기로 모으고 또 6개월씩 상·하반기로 묶어 보면 그 차이는 자못 심각해진다(표 35 참조).

하반기는 상반기보다 자그마치 3일이나 많다. 그 결과는 경제에 그대로 반영된다. 사업 계획을 세울 때 각 시기에 같은 목표량을 설정한다면 합리적이지 못한 일이 되는 것이다. 또 날수의 비교 없이 단순히 1/4분기의 생산량이 작년 4/4분기의 생산량보다 떨어졌다고 강조하면서 생산성 제고를 위한 각종 방책을 쓴다면, 그 또한 합리적이지 않다.

여기에 또 공휴일은 차치하고라도 주말의 수도 매번 다르므로 각 달, 분기별로 근무일의 수가 다르다는 점을 고려해야 한다. 토요일도 쉬는 경우에 주말이 월의 앞과 뒤에 걸쳐 있다면 그달의 근무 일수는 2일 정도 줄어들 수가 있다. 따라서 근무 일수가 많은 경우의 큰 달과 근무 일수가 적은 경우의 작은 달을 비교하면 그 차이는 매우 커진다. 예를 들어 2001년의 2월은 근무 일수가 겨우 20일이지만 같은 해 5월에는 23일이나 있다. 2001년 5월에는 2월보다 근무 일수가 15퍼센트나 많은데, 같은 기본급을 주고 또 받는다면 과연 옳은가.

주와 달이 맞아떨어지지 않는다

우리는 5, 6, 10, 12를 단위로 세는 데 익숙해 있다. 5, 10은 손가락의 수에서 왔는데 10진법 계산에 사용한다. 6과 12는 춘분과 추분 사이, 추분과 춘분 사이 달의 변화의 수로부터 왔고 시계와 달력을 보기 위해서 매일 사용한다. 그런데 우리의 일상생활에서 7일 단위로 세는 경우는 일주일을 빼고는 없다.

또 한 달이 4주 또는 28일이 아니어서 생기는 문제가 있다. 이 문제를 해결하기 위해서 쉽게 생각할 수 있는 방법이 한 달을 28일로 하거나, 아니면 일주일의 길이를 바꾸어 한 달의 길이에 맞추는 것이다. 이 방법은 소비에트 혁명 달력의 5부제 또는 6부제 달력에서 이미 시도된 바 있다. 또 20세기 미국에서는 이 문제를 해결하기 위해서 화요일과 목요일을 뺀 5일 주일을 채택하자는 제안이 나오기도 하였다. 이때 화요일과 목요일이 선택된 이유는 이날이 모두 전쟁과 관련된 신의 이름을 갖고 있기 때문이었다.•

결국 부활절이 문제인가

그런데 이렇게 반복되어 제기되는 아이디어들은 지금의 일주일이 종교와 얼마나 커다란 관련을 맺고 있는가 하는 측면을 간과하고 있다. 현재 7일을 주기로 예배를 드리는 종교에 속한 사람들은 전 세계 인구의 약 68퍼센트에 달하고 있다.••

물론 현재의 부활절 날짜가 역사적·천문학적 근거가 있는 것은 아니고, 오히려 기독교 이전의 이교도적인 요소가 강한 것은 사실이다.

부활절의 가장 큰 문제는 아직도 그 날짜가 오락가락한다는 것이다. 여기서 생기는 문제는 다음 예에서 충분히 살펴볼 수 있다. 다음은 독일에서 실제로 일어나고 있는 일이다. 사육제는 부활절 주일보다 46일 전인 성회수요일에 끝난다. 그런데 사육제는 언제나 11월 11일 오전 11시 11분에 시작된다. 따라서 사육제의 기간이 어느 해는 30일인 데 반해 어느 해에는 64일이 되기도 한다.•••

축제의 기간이 해에 따라서 두 배 이상 차이가 나기도 한다. 이것이 무슨 문제가 되느냐고 묻는다면, 축제 기간의 엄청난 소비와 교통혼잡 그리고 생산성 저하 등이 왜 문제가 되지 않느냐고 되물을 수 있을 것이다.

또 다른 문제로서 성령강림절(부활절로부터 50일째 되는 날)을 들 수 있다. 유럽에서는 성령강림절을 기점으로 여름이 시작된다고 생

• 화요일은 전쟁의 신인 마르스(Mars, Tiw)로부터, 또 목요일은 북유럽 신화의 뇌신(雷神, Donners, Thor)으로부터 왔다. 뇌신은 천둥과 농업의 신이자 전쟁의 신이기도 하다. 그리스 로마 신화의 제우스(주피터)에서 유래한 것으로 보인다.

•• 모슬렘 23%, 가톨릭 22%, 개신교 14%, 정교회 4%, 유대교 2%.

••• 부활절은 3월 22일과 4월 25일 사이 보름달이 뜬 후 첫 번째 일요일이다.

각한다. 그래서 이제 겨울옷은 장 속에 넣고 여름옷을 꺼내 입기 시작한다. 따라서 성령강림절이 너무 빨리 오는 해에는 섬유 업체, 재단사와 옷가게는 돈을 많이 번다. 옷은 갈아입어야겠고 아직 날씨는 추우니 봄옷의 구입이 증가하는 것이다. 반대로 성령강림절이 너무 늦게 오면 봄옷의 매출은 평년에 비해 격감한다. 이것을 일반인들은 잘 느끼지 못하고 지나가지만 섬유 업체의 통계는 오순절과 봄옷 매출간의 명확한 상관관계가 있음을 보여 주고 있다.

아직도 하루가 남아

그레고리우스 달력 개혁 때 릴리우스가 제안한 윤년 계산법은 1년의 길이 365.24250일을 바탕으로 한 것이다. 이것은 율리우스의 365.25일보다는 정확한 것이지만 우리가 알고 있는 365.24219879일과는 소수점 아래 네 번째 자리에서 약 3정도의 차이가 있다. 즉 1년에 약 26초가 긴 것이다.

따라서 3333년이 지나면 달력은 또 실제 태양의 운행보다 하루가 앞서 있게 된다. 이를 보정하기 위하여 독일의 천문학자이자 지리학자인 하이스(N. Heis)는 3200으로 나누어지는 해에는 윤년을 추가할 것을 제안하였다. 여기에 따르면 3200년과 6400년, 9600년은 400으로도 나누어져 원래 윤년이었으므로 이 해에는 윤일이 이틀이나 생긴다. 이런 식으로 보정을 하면 그레고리우스 달력은 그리스 정교회 달력보다 더 정교해진다. 하지만 이 문제에 대해서 합의된 것은 아직 없다. 내일 일도 못 내다보는 현대인들이 3000년 후의 일을 걱정해서 무엇할 것인가.

또 새로운 달력이 필요한가

1 국제 고정 달력 동맹

1849년 프랑스 실증주의 철학의 창시자인 오귀스트 콩트(August Comte, 1798-1857)는 달과 요일을 일치시키기 위한 새로운 제안을 하였다. 한 달은 정확히 4주로 28일을 갖는다. 1년을 28일로 나누면 13개월이 생기는데 이때 1년은 하루가 모자란 364일이 된다.•

콩트의 13개월짜리 달력 아이디어는 19세기 말 델라포르트(Delaporte)에 의해 고정 달력(calendrier fixe)이란 이름으로 구체화된다. 또 미국의 통계학자인 모세스 코츠워스(Moses Cotsworth, 1859-

• 콩트는 달의 이름으로 호머, 아리스토텔레스, 아르키메데스, 케사르, 셰익스피어, 단테 등을 그리고 요일의 이름으로는 부처, 소크라테스, 공자, 모하메드, 갈릴레이, 베이컨, 와트, 뉴턴을 제안하였다.

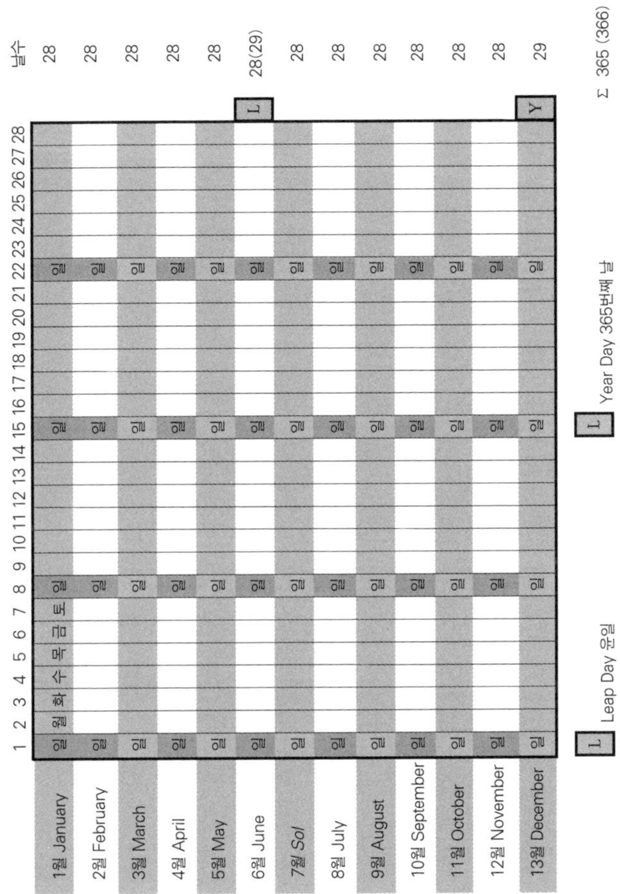

표 36 국제 고정 달력 동맹의 13개월 달력

1943)는 1942년에 '국제 고정 달력 동맹(International Fixed Calendar League)'을 창설하는데 이 동맹은 후에 '델라포르트 코츠워스 이스트먼 계획'으로 유명해진다. 코츠워스가 사망하자 이 동맹은 코닥 사의 설립자이자 소유주였던 조지 이스트먼(George Eastman)의 지도

하에 들어간다.

이들의 기본적인 생각은 기준이 되는 달을 만드는 것이었다. 이를 위해 6월과 7월 사이에 열세 번째 달을 만들어야만 하였다. 이때 새로운 달을 만들어야 사람들에게 혼동이 적을 것이라고 생각했기 때문이다. 새로운 7월이 되는 열세 번째 달은 솔(Sol)이라고 이름을 붙였는데, 현대 달력에 따르면 7월 18일에 시작하게 된다.

부족한 365번째 날은 12월 29일이 되어야 한다. 하지만 이날은 요일을 갖지 않는다. 이날은 'Year Day'라고 하며 토요일인 12월 28일과 일요일인 1월 1일 사이에 놓인다. 그리고 윤년에 있어야 하는 366번째 날은 'Leap Day'라고 하며 6월(June) 28일과 새로운 7월인 솔의 1일 사이에 놓이며 365번째 날과 마찬가지로 요일은 갖지 않는다.

'국제 고정 달력 동맹'의 관계자들은 자신들의 새로운 달력이 그레고리우스 달력이 갖고 있는 모든 단점을 해결했다고 주장하였다.

- 모든 달이 28일로 같아졌고 근무일과 일요일의 숫자가 항상 일정해졌다.
- 모든 달은 정확히 4주로 구성된다.
- 매달 같은 날짜는 같은 요일이다.
- 모든 달은 일요일로 시작해서 토요일로 끝난다.
- 국경일과 공휴일은 매년 같은 요일에 있게 된다.
- 부활절이 특정일에 고정된다.

– 1년짜리 달력은 이제 필요 없다. 한 달짜리 달력이면 충분하다.

하지만 이 달력은 오랫동안 사용해 왔던 달력과 너무 달랐다. 1년이 서양인들이 불길하게 여기는 13개월로 되어 있는 데다가 '13일의 금요일'이 매달 한 번씩 나타나게 되어(표 36) 일반인들의 반발을 불러일으켰다. 또 13은 4로도 그리고 2로도 나누어질 수 없는 숫자이므로 1년을 4분기나 상하 분기로 나눌 수가 없었다. 따라서 1년을 4분기로 나누어 계획하고 통계를 잡던 경제계에서는 거의 거들떠볼 생각도 하지 않았다. 하지만 코츠워스와 그의 동역자였던 코닥의 이스트먼은 이 달력을 자신의 사업장에 적용함으로써 경제적인 가치를 입증하려 하였다. 당시 코츠워스는 북동 철도회사(North Eastern Railway Company)와 영국 철도(British Railway)라는 두 개의 철도회사와 교통부를 위하여 일하고 있었다. 그는 이 달력 시스템을 기차 시간표에 적용하였다. 또 코닥사의 이스트먼은 자기 회사의 생산계획을 짜고 근로자의 주급을 지급하는 데 아주 유용하게 이 달력 시스템을 이용하기도 하였다. 이들의 제안은 프랑스의 천문학자 까미유 플라마리옹(Camille Flammarion, 1824–1925)과 이탈리아 자유투쟁의 영웅 마닌(Daniele Manin, 1804–1857)으로부터 지지를 받았다. 이들은 1년을 52주 364일과 날짜가 없는 하루로 정하였는데 여기서 52주는 91일이라는 4개의 단위로 나누어졌다.

2 세계 달력

1900년이 되자 프랑스에서부터 달력 개혁의 바람이 불기 시작하였다. 정계, 경제계, 교회, 산업계, 과학계, 그리고 일반인에 이르기까지 달력에 대한 토론이 불붙었다. 1914년부터 1918년까지 1차 세계대전으로 잠시 냉각기를 가졌던 달력 개혁은 마침내 1922년 제네바 국제연맹•의 '통신과 교통위원회'에 안건으로 상정되었다. 1927년까지 이 위원회에서는 백삼십여 가지의 달력 개혁안이 검토되었는데 토론 참가자들은 전반적으로 13개월 안을 선호하였다. 하지만 전통과 종교 그리고 현실적인 문제를 해결한 안은 6일 주일을 제안한 달력이었다. 다음 표(표 37)에서 보듯이 이 제안은 상당히 논리적이며 간결하다. 비록 1년이 예전대로 12달이긴 하지만 각 달은 같은 길이였고 같은 요일로 시작된다. 하지만 문제가 그리 간단하진 않았다. 평년에는 4일, 그리고 윤년에는 5일이 보충일로서 존재해야만 하였다. 또 일요일이 52번에서 60번으로 늘어나자 기업가들의 반발을 샀다. 더 큰 문제는 이 달력 제안자들의 조급함이었다. 이들은 당장 자신의 달력이 시행되어야 한다고 주장함으로써 논의의 여지를 스스로 없애 버린 것이다.

백삼십여 가지의 달력 개혁안 중에서 다음 세 가지가 진지하게

• 국제연맹(League of Nations) : 제1차 세계대전 후 윌슨 미국 대통령의 제안으로 세계 평화 보장을 위해 성립된 기구. 정작 미국은 의회의 고립주의로 인해 회원으로 가입하지 못하였다. 제2차 세계대전 후에는 국제연합(UN)으로 개편되었다.

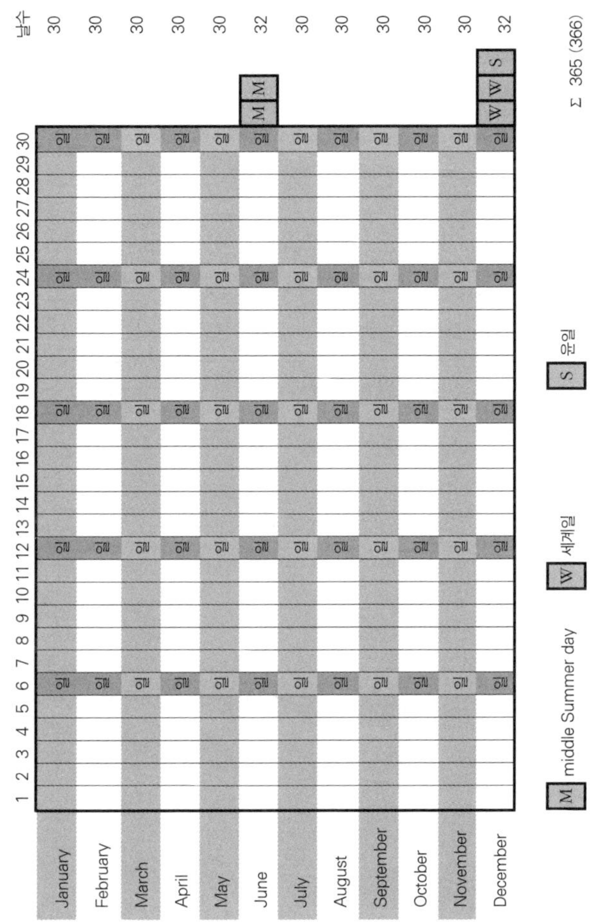

표 37 6일 주일 달력의 제안

논의될 수 있는 기회를 가졌다. 세 모델 모두 요일이 없는 중립적인 날이 있었다. 그 중 하나는 이미 앞에서 살펴본 국제 고정 달력 동맹의 코츠워스 달력이며(그림 30) 다른 두 개는 코츠워스의 제안

코츠워스 달력(표준월)						
일	월	화	수	목	금	토
1	2	3	4	5	6	7
8	9	10	11	12	13	14
15	16	17	18	19	20	21
22	23	24	25	26	27	28

그림 30 국제 고정 달력 동맹의 코츠워스 달력(한 달은 28일, 13일은 금요일)

을 상당히 받아들였지만 1년을 우리가 익숙한 12개월로 그대로 둔 것이다.

이 중에서 하나가 엘리자베스 아켈리스(Elisabeth Achelis, 1881-1973)의 세계 달력(World Calendar)이고 다른 하나는 하와이 출신의 윌리어드 에드워즈(Williard E. Edwards)가 제안한 영구 달력(Perpetual Calendar)이다. 이 둘은 1년을 12개월로 그대로 두는 등 그레고리우스 달력을 조금만 바꾸었지만 코츠워스의 제안 또한 상당히 반영한 것이기도 하다. 세계 달력과 영구 달력 모두 1년을 91일로 된 4분기로 나누어 각 날짜가 항상 일정한 요일이 되게 하였는데 이 둘의 유일한 차이점은 각 분기를 일요일(세계 달력)로 시작하느냐 월요일(영구 달력)로 시작하느냐와 31일짜리 월이 각 분기의 첫달(세계 달력)인지 혹은 끝달(영구 달력)인지 일 뿐이다(그림 31).

하지만 위의 세 달력에 대한 각 종교권의 의견을 물은 것은 7년

세계 달력 (World Calendar)

1 · 4 · 7 · 10월						
일	월	화	수	목	금	토
1	2	3	4	5	6	7
8	9	10	11	12	13	14
15	16	17	18	19	20	21
22	23	24	25	26	27	28
29	30	31				

2 · 5 · 8 · 11월						
일	월	화	수	목	금	토
			1	2	3	4
5	6	7	7	9	10	11
12	13	14	15	16	17	18
19	20	21	22	23	24	25
26	27	28	29	30		

3 · 6 · 9 · 12월						
일	월	화	수	목	금	토
1	2	3	4	5	6	7
8	9	10	11	12	13	14
15	16	17	18	19	20	21
22	23	24	25	26	27	28
29	30	31				

영구 달력 (Perpetual Calendar)

1 · 4 · 7 · 10월						
월	화	수	목	금	토	일
1	2	3	4	5	6	7
8	9	10	11	12	13	14
15	16	17	18	19	20	21
22	23	24	25	26	27	28
29	30					

2 · 5 · 8 · 11월						
월	화	수	목	금	토	일
		1	2	3	4	5
6	7	8	9	10	11	12
13	14	15	16	17	18	19
20	21	22	23	24	25	26
27	28	29	30			

3 · 6 · 9 · 12월						
월	화	수	목	금	토	일
				1	2	3
4	5	6	7	8	9	10
11	12	13	14	15	16	17
18	19	20	21	22	23	24
25	26	27	28	29	30	31

그림 31 세계 달력과 영구 달력의 비교 두 달력 모두 12개월 달력으로서 1분기의 날수가 91일로 같다. 두 달력의 차이는 각 분기의 첫날의 요일과 31일짜리 달의 위치뿐이다.

이 지난 1934년이었으며, 이 설문조사에 따라 1937년 1월 27일에야 새로운 달력이 공식적으로 제안되었다. 이 제안서에 따르면 새로운 달력은 1939년 1월 1일부터 시작할 것을 주장하기도 하였다. 하지만 2차 세계대전으로 또 한번 달력 개혁의 노력은 중단되고 만다. 종전 2년 후 국제연맹을 계승하여 탄생한 국제연합(UN)에 꼭 10년 후인 1947년에 똑같은 안이 다시 제출되어 유네스코(UNESCO)의 경제·사회 평의회에서 세계 달력과 고정 달력을 비롯한 수많은 개혁안들이 다시 다루어졌다.

여기서 세계 달력과 고정 달력 모두 난관에 봉착하는데 그것은 바로 어쩔 수 없이 생기게 되는 보충일(365째, 366번째 날)이 요일을 갖지 않아야 한다는 것이었다. 1956년 1월 3일 이스라엘 정부는 세계 달력에 대한 반대의 뜻을 분명히 했는데, 이때 제시한 근거 중 하나는 "안식일은 유대교의 기본요소이다. 그런데 요일이 없는 보충일의 도입은 전통적인 7일 주일이 무너짐으로써 이스라엘과 전 세계 유대교인들의 종교와 사회생활에 혼란을 일으키며" 또한 "유대 달력과 그레고리우스 달력 사이의 조화가 깨짐으로써 이스라엘과의 무역 및 정신문화 교류에 장애를 줄" 것이라는 이유였다. 세계 달력은 결국 도입되지 못하였는데, 이것은 세계 달력 안이 거부되었기 때문이 아니라 각국의 별다른 관심사항이 되지 못하였기 때문이다. 하지만 아직도 많은 사람들이 달력 개혁에 집착하고 있다. 최근에 UN에 제출된 달력 개혁안을 열거하면 다음과 같다.

12개월 달력	1970년	볼리비아 달력 (Carrier)
	1993년	공통 시대 달력 (Becker)
	1996년	영구 장기 안식일 달력
	1996년	100년 달력 (Hollon)
13개월 달력	1992년	13개월 태음력 (José & Lloydine Argüelles)
	1996년	올리비안 달력 (Jay Johanson, Dom Manuel)

존 레논과 올리비아

UN에 제출된 130개 이상의 달력을 모두 살펴보는 것은 별 의미가 없다. 이 모든 것이 과학적 근거를 가진 것도 아니며 세계 시민들에게 보편성을 가지고 다가갈 수 있는 것도 아니기 때문이다. 하지만 최근에 UN에 제출된 두 개의 13개월 달력에 얽힌 에피소드를 살펴보는 것은 그리 지루한 일만은 아니다.

아귈레스(Argülles)는 인터넷 공간에서 달력 개혁을 주창할 때 다음과 같은 존 레논의 말로 시작하였다.

"사람은 누구나 자신이 꿈꾸는 사람이라고 말할 수는 있다. 하지만 내가 그 유일한 사람은 아니다. 나는 당신도 여기에 속하기를 희망한다. 그러면 세계는 하나가 될 터이니."

아귈레스에 따르면 새로운 달력은 1995년 7월 26일에 시작되어야 한다. 여기에 따르지 않으면 인류는 곧 멸망하게 된다. 7월 25일은 'Day Out', 요일이 없는 날로써 대화재가 발생하여 모든 달력을 불태우게 될 것이라는 것이었다. 그의 모토는 "달력을 바꿔라! 정신을 바꾸어라! 세계를 변화시켜라!"였다.

그는 13개월 달력 개혁 운동의 근거로서 "그레고리우스 달력과 기계적인 시계는 단지 인공적인 것으로서 인간을 자연으로부터 소외시키고 있으며, 자본과 기계가 지배하고 있는 현대 문명으로부터 생긴 모든 문제의 책임을 안고 있기 때문"이라고 주장하였다. 이 평화운동가들은 다음과 같이 팡파르를 울렸다.

"위대한 정부를 탄생시키기를 원하는가? 그레고리우스 달력으로부터 벗어나라. 바티칸에 의해 조종되는 달력을 따르고 믿는 짓을 당장 그만 두라. 모든 정부와 금융 기관은 그레고리우스 달력으로부터 비롯된 것이니, 이 달력을 폐기하고 불태우라. 하여 그대는 위대한 정부를 탄생시키기 위한 첫걸음을 내딛으라. 연방준비은행(Federal Reserve Bank), 국제금융기금(IMF), 바티칸, 가트(GATT, 관세 및 무역에 관한 협정)와 나프타(NAFTA, 북미 자유무역 협정) 모두 꼼짝 못하고 무너질 것이니라."

아귈레스는 1995년 또다시 당시 갈리(Boutros Gahli) UN 사무총장에게 접근할 기회를 찾았다. 그는 UN 창립 50주년을 맞이하여 자신의 13개월 달력을 도입하자고 주장한 것이다. 아마도 갈리 사무총장은 아귈레스 운동의 배경을 잘 알고 있었고 당연히 거절했을 것임에 틀림없다. 아직도 우리가 별 탈 없이 그레고리우스 달력을 사용하고 있는 것을 보면.

아귈레스의 의도가 약간은 위험했던 것과는 달리 올리비안 달력은 그저 평온하였다. 올리비안 달력이 그간의 13개월 달력과 달랐던 점은 요일이 없는 날의 이름을 올리비아(Olivia)라고 지은 것뿐이다. 이로써 달력에 여자 이름이 한 번은 들어가게 된다는 것이다.

그림 32 영화배우 올리비아 드 하빌랜드

굳이 올리비아라고 이름을 지은 이유는 제안자들이 생각하기에 이 세상에서 가장 아름다웠던 여인이 바로 영화배우였던 올리비아 드 하빌랜드(Olivia de Havilland, 『바람과 함께 사라지다』에서 멜라니 해밀톤 역)이기 때문이었다.

이런 에피소드를 접할 때 달력을 바꿀 수 있는 유일한 기관인 유엔이 달력 개혁안들에 얼마나 회의적으로 반응했을까를 쉽게 상상할 수 있다. 그럼에도 불구하고 세계 달력이 많은 사람들의 공감을 얻고 관심의 대상이 되는 이유는 그레고리우스 달력에서 크게 벗어나지 않으면서도 합리성을 가질 수 있다는 사실과 함께 제안자와 동조자들의 진지하고도 치열한 자세라고 할 수 있다. 이들은 그레고리우스 달력을 개혁하고 세계 달력을 도입하기 위하여 '세계 달력 협회(World Calendar Association)'를 창립하였다.

세계 달력 협회

세계 달력 협회는 세계 달력의 주창자인 엘리자베스 아켈리스에 의해 1930년 10월 21일 창립되었다. 달력 개혁에 대한 그녀의 열정을 이해하기 위해서는 인생사를 살짝 엿볼 필요가 있다. 아켈리스는 1881년 '미국 경고무 주식회사(American Hard Rubber Company)'라는 한 고무공장의 회장과 여성참정권 획득 운동가였던 어머니 사이에서 태어났다. 아버지가 죽자 그녀는 엄청난 재산을 물려받았고 이 재산은 후에 달력 개혁 운동에 쓰인다. 그녀는 달력 개혁 운동에 뛰어들기 전에는 카지노에서 브리지 게임을 하거나, 메트로폴리탄 오페라를 관람하고 파티를 열고 뉴욕의 여러 가지 미혼 여성 모임에 참여하면서 시간을 보냈다. 그녀는 1929년 멜빌 드위 박사의 '어떻게 인생을 편하게 할 것인가?'라는 강연을 듣게 되었다. 이 강연에서 드위 박사는 미터법 도입과 맞춤법의 간편화를 주장하는 한편 13개월 달력의 아이디어를 설명하여 주었다. 이 강연 중에 '달력의 간편화'라는 문제가 아켈리스 여사의 관심을 끌었다. 그로부터 일주일 후 그녀는 『뉴욕타임스』에서 에스보우라는 엔지니어가 쓴 '12개월 달력 계획'에 관한 기사를 읽게 되었다. 이 계획은 1914년 한 국제 경제 회의에서 스위스의 한 연구 그룹에게 과제로 준 것이었다. 아켈리스 여사는 이 계획에 나타난 달력의 질서와 대칭성에 매료되었다. 그녀는 후에 이렇게 적었다.

"여기에 대해 깊이 생각할 때 내게 명료한 소리가 들렸어요. '너는 이 계획에 투신해야 해!' 날 부르는 소리가 명확하고 확신에 가득한 것이었지만 내겐 먼저 의문들이 가득 찼어요. '어떻게 시작해야 하지? 나는 경험이 없는데.' 그때 의심에 가득 찬 사가랴와 믿음의 마리아 생각이 났지요.• 이때 나는 해야 한다는 생각이 들었어요. 나는 주저 없이 대답했지요.

그림 33 세계 달력 협회 로고

'당신이 내게 이것을 하라고 요구하신다면, 주여, 최선을 다하겠나이다.' 불타는 덤불을 본 모세와 하나님의 궤를 지키고 있던 사무엘 그리고 다마스쿠스로 떠나는 바울 생각이 났어요.••

이들 모두 하나님의 소명(召命)을 받았죠. 나는 사상가들과 학자들 그리고 개혁자들이 받은 소명을 알고 있었어요. 그런데 이제는 바로 내가 부름을 받은 것이지요."

이때 아켈리스는 50세였다. 뉴욕에 사무실을 연 그녀는 비서와

• 천사 가브리엘이 세례요한의 아버지인 사가랴와 예수의 어머니인 마리아에게 각각 나타나서 그들이 아이를 갖게 될 것을 예고하였을 때 사가랴는 "어떻게 그것을 알겠습니까? 나는 늙은 사람이요, 내 아내도 나이가 많으니 말입니다."라고 의심에 가득한 대답을 하였지만 마리아는 "보십시오, 나는 주의 여종입니다. 천사님의 말씀대로 나에게서 이루어지기를 바랍니다."라고 순종하며 대답한 것을 일컬음. 누가복음 1장 참조.

•• 모세의 소명(召命)–출애굽기 3장, 사무엘의 소명–사무엘상 3장, 사울의 회개–사도행전 9장(다마스쿠스는 성경에는 다메섹으로 나와 있다).

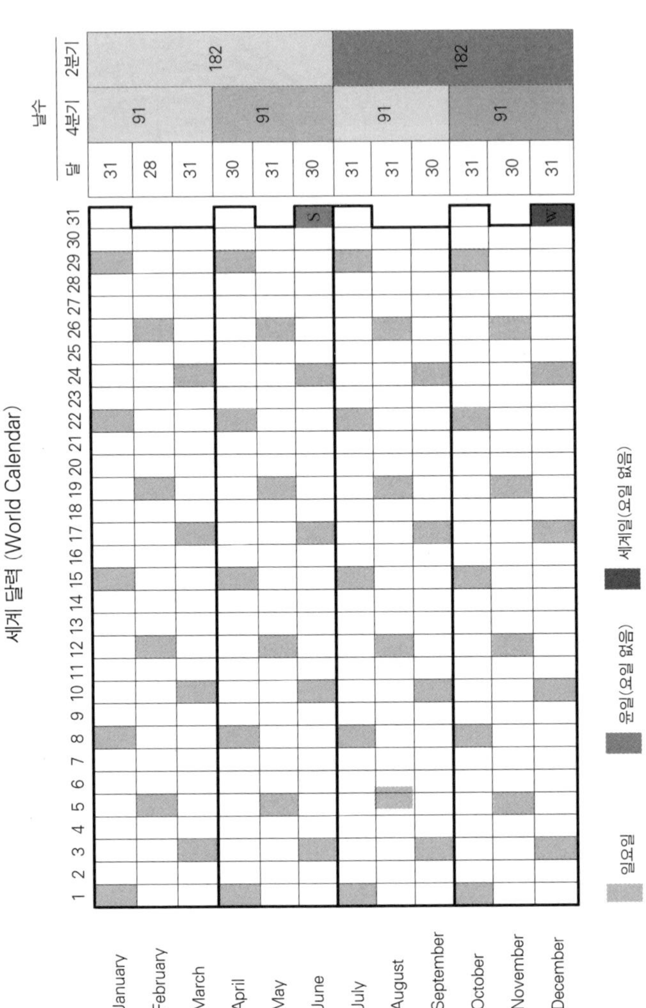

표 38 세계 달력의 구조

(1월 1일은 일요일, 364일+세계일=365일, 윤일은 6월 31일로서 요일 없음)

함께 3만여 통의 선전문을 언론기관과 각종 기구 그리고 세계의 영향력 있는 사람들에게 보냈고 많은 이들로부터 긍정적인 반응을 얻었다. 1931년 카를 리들(Carl Liddle)이 책임자가 되어 1931년 10월 제네바에서 열릴 국제회의를 준비하는 동안 모리스(C. D. Morris)는 『달력 개혁에 대한 저널(*Journal of Calendar Reform*)』이라는 잡지를 발행하였다. 그리고 1931년 7월 31일 제네바에서 '세계 달력 협회'가 창립되었고 이 자리에서 회장과 고문단을 선출하는 한편 '달력 개혁을 위한 민족회의 준비위원회'를 구성하였다. 그리고 세계 달력 협회는 1931년 10월 12일~24일에 개최된 유엔총회에 공식 참관단으로 초청을 받았다.

이듬해부터 1937년까지 세계 달력의 아이디어는 큰 진전을 이루었다. 13개월 달력 개혁안이 제자리에 머물고 있는 데 반해 세계 달력은 32개국에 달력위원회가 구성되어 있었다. 하지만 1939년 2차 세계대전이 발발함으로써 국제 접촉이 심각하게 제한되자 1941년에는 결국 그 운동이 중단되고 말았다. 하지만 그 아이디어는 미국, 캐나다와 남미, 호주 등에 남아 있었다. 세계 달력 협회의 과제는 세계 달력을 전 세계인들이 일상적으로 사용하게 하는 것이었다. "더 좋은 날과 더 좋은 세계를 위한 더 좋은 달력은 전쟁 때든지 평화시든지 언제나 필요하다." 세계 달력 협회는 자신의 로고에 '조화', '질서', '균형', 그리고 '안정'을 추가하였다. 이것들은 단지 달력에만 필요한 것이 아니라 인류에게도 필요한 것이기 때문이었다.

하지만 1954년 유엔경제사회이사회에서 미국 정부 대표가 달력 개혁에 반대를 하자 아켈리스 여사는 이듬해 회장직을 사임하였고 협회 본부는 뉴욕에서 오타와로 이전하였으며 협회의 이름은 '국제 세계 달력 협회'로 개칭되었다. 이 협회는 그동안 여러 차례 지도부 교체를 겪기도 하였으나 지금도 인터넷 공간을 통하여 활발하게 세계 달력 운동을 펼치고 있다.

3 여전히 세계는 넓고 할 일도 많다

지금까지 살펴본 바와 같이 현대 달력의 기본적인 문제는 어느 하루의 요일이 매번 변한다는 것이다. 그레고리우스 달력이 생길 때도 바뀌거나 중단이 없던 것이 바로 요일이기도 하다. 설사 우리가 요일이 고정된 새로운 달력을 만든다 하더라도 지금까지 중단 없이 계속되어 온 요일을 그대로 이어받는 문제를 해결해야 한다.

하지만 달력을 개혁할 때 가장 중요한 것은 따로 있다. 그것은 누구나 다 받아들여야 한다는 것이다. 그레고리우스 달력의 지난했던 보급과정과 프랑스 혁명 달력을 비롯한 여러 가지 달력 개혁 운동의 실패는 새로이 달력을 개혁하고자 하는 사람들이 타산지석(他山之石)으로 삼아야 할 것들이다. 사람들은 일상적으로 사용하던 것들이 바뀌는 데 매우 큰 두려움을 갖고 있으며 그 변화를 매우 불편하게 여기기 때문이다. 또 많은 경우에 과거는 불안한 현재보다는 아름다운 추억으로 남아 있기 때문이기도 하다.

현대 사회에서 우리는 매일 '지구촌'이나 '세계화' 같은 말을 듣고 살아가지만 아직도 이 세상 사람들은 '촌'이라고 얘기할 정도로 가까이 살고 있진 않다. 바그다드에는 폭탄이 빗발치고 사람이 죽어 가고 있지만, 텔레비전을 통해 보는 우리에게 그것은 마치 전자오락의 한 장면처럼 보인다. 너무나 먼 나라의 일이다. 터키에 대지진이 나서 수만 명이 무너진 집 더미에 깔려 있지만 우리는 제각기 자기의 일을 할 뿐이다. 터키는 정말 멀다. 농업 보조금이나 무역 관세 그리고 대인지뢰와 같은 문제에도 합의를 보지 못하고 있는 세상 사람들의 모습으로부터 세계인들은 결코 같은 '촌'에 사는 사람들이 아니라는 것을 확인할 수 있다. 달력의 개혁은 세계적인 문제이다. 어느 한 나라나 국가 집단이 새로운 달력을 받아들인다고 해서 해결되는 문제가 아니다. 현대 사회의 복잡한 정치·경제적 상황과 또 민족·종교 간의 갈등 문제를 그대로 안은 채로 달력 문제를 해결할 수 있을 것 같지는 않다.

지난 수천 년 간의 인류 역사에서 보듯이 길이가 다른 달이나 오락가락하는 요일의 문제는 비록 많은 사람들이 심각한 불편을 느끼지 못하고 있기는 하지만 그리 단순한 것은 아니다. 그러나 우리에게는 달력 외에도 해결해야 할 심각하고도 중요한 문제가 아직도 많이 남아 있다. 우리가 이 문제를 해결하지 않고서는 다음 세대에게 정말로 제대로 된 달력을 남겨 줄 수는 없을 것이다. 과학적이고 합리적인 새로운 달력을 진정 원한다면 먼저 이 세계에 널려 있는 기본적인 문제들을 해결하도록 노력하여야 할 것이다.

달력의 역사 연표

	과학사		달력의 역사
		BC 28000경	크로마뇽 인의 태음력(?)－뼈 유적
		BC 4241	기록된 최초의 연도(이집트)－태양력 사용
		BC 3114	마야의 대주기 시작(현재도 계속되고 있음)
BC 2100경	수메르 달력－360일		
BC 2000경	인도에서 수학이 시작됨	BC 2000경	스톤헨지, 촐킨(마야) 달력－260일
		BC 1300경	중국에서 태음태양력 사용
		BC 753	최초의 로마달력(로물루스)－10개월 304일
		BC 700경	바빌로니아－7일 주일
BC 330경	아리스토텔레스의 과학적 저작들이 발간됨	BC 300경	마야에서 세 가지 달력 체계가 동시에 사용됨－365일 달력 포함
BC 241경	에라토스테네스－원주율 계산	BC 238년	프톨레마이오스 III세－『카노푸 포고』: 4년마다 윤년을 도입
BC 147	그리스 수학자 헤론이 태어남	BC 141~127	히파르코스－365일 5시간 55분 46초
		BC 67	누마 폼필리우스－1년을 12개월로 조정
		BC 46	로마－율리우스 달력 채용. 365일 6시간
BC 7~4	예수의 탄생	8	아우구스투－율리우스 달력을 개혁
167	프톨레마이오스 『알마게스트』	123	장형－중국의 태음력을 개선함
300경	마야 인 영(0)을 발견	312	니케아 종교회의－부활절 규칙을 정함
476	로마 멸망	409	인도 『Aryabhata』－365일 8시간 36분 30초
598	인도 수학자 Brahmagupta 출생	525	디오니시우스 엑시구스－AD(anno Domino)를 도입
625경	인도 수학의 최성기	622	모하메드－메카를 떠남: 모슬렘 달력의 시작 anno hegirae
876	영(0)이 인도로부터 유럽에 들어옴	882	Al-Battanis－365일 8시간 36분 30초
1100~1300	유럽에 대학 설립붐	1125	유대 달력이 도입됨
1460경	『구텐베르크 성서』가 금속활자로 출판됨	1443	이순지 『칠정산 내외편』 완성(세종 24년)
1483	비잔틴 제국 멸망	1470경	달력이 처음으로 인쇄됨
1517	루터의 종교개혁	1514	달력 개혁 위원회 구성

	과학사		달력의 역사
1543	코페르니쿠스 『천체의 회전에 대하여』 –지동설 발표	1543	코페르니쿠스: 365일 5시간 49분 29초
1589	갈릴레이–낙체 실험	1582	그레고리우스 달력 도입–365일 5 시간 48분 20초
1609	갈릴레이–망원경 발견	1653	조선 『시헌력』 도입(효종 4년)
1687	뉴턴 『프린키피아』	1682	일본 『정향력』
1761	이탈리아 모르가니에 의해 해부병리학 성립	1752	영국과 영국 식민지–그레고리우스 달력 도입
1789	라부아지에 『화학입문』–질량 보존의 원리를 설명	1792	프랑스 혁명 달력(공화력) 시작
1869	멘델레예프(러)–원소주기율을 발견	1873	일본 그레고리우스 달력 도입
1847	헬름홀츠–에너지 보존의 법칙 발표	1849	오귀스트 콩트–고정 달력의 원형을 제안
1895	뢴트겐–X선 발견	1896	조선 그레고리우스 달력 도입– 건양 1년
1803	돌턴–원자설을 설명	1806	나폴레옹 혁명 달력 폐지하고 그레고 리우스 달력으로 회귀
1916	아인슈타인–일반 상대성 원리 발표	1917	러시아 그레고리우스 달력 도입
1927	하이젠베르크–불확정성의 원리	1929	소비에트 혁명 달력(5부제)
1930	레페–아세틸렌으로부터 비닐 합성	1930	엘리자베스 아켈리스–세계 달력 협회 창설
1931	로렌스와 리빙스턴–사이클로트론 발명	1931	소비에트 혁명 달력 (6부제)
1942	페르미–핵 연쇄 반응 실험 성공	1942	국제 고정 달력 동맹 창설
1945	미국 원자핵 폭발 성공	1949	중국 그레고리우스 달력 도입

그레고리우스 달력으로 2000년은

프랑스 혁명 달력으로 208년
페르시아 달력으로 1378년
모슬렘 달력으로 1420년
콥트교 달력으로 1716년
고대 로마 달력으로 2753년
바빌로니아 달력으로 2749년
유대 달력으로 5760년
고대 이집트 달력으로 6236년이다.

참고문헌

Bach, Ingo: *Zeitalter der Fälschungen*, in 『Tagesspiegel』(29. Juni. 1999)

Boyd, Kelly(Ed.): *Encyclopedia of Historiker & historiacal Writing*, London, Fritzroy Dearborn Publishers, (1999)

Brunner-Traut, Emma etc.: *Osiris Kreuz Halbmond*, Mainz, Philipp von Zabern (1984)

Defoe, Daniel: *Robinson Crusoe*, London, The Folio Society (1972)

Drechsler, Hilligen: *Neuman, Gesellschaft und Staat (9. Aufl.)*, München, Verlag Vahlen (1995), ISBN 3-8006-1977-6

Dresler, Adolf: *Kalenderkunde*, München, Verlag Karl Thiemig (1972)

Duncan, David Ewing: *Der Kalender - Auf der Suche nach der richtigen Zeit*, München, Wilhelm Hyene Verl. (1999) ISBN 3-453-15359-6

Dux, Günter: *Die Zeit in der Geschichte*, Frakfurt, Suhrkamp (1989) ISBN 3-518-28625-0

Endres, Franz Carl; Schimmel, Annemarie: *Das Mysterium der Zahl, Eugen Diedrichs*, Düsseldorf (1995) ISBN 3-424-00792-7

Erkrutt, Joachim: *Der Kalender im Wandel der Zeiten*, Stuttgart, Frankh'sche Ver-lagshandlung (1972) ISBN 3-440-00274-8

Gaitzsch, Rainer; Gra l, Hans; Mäutner, Siegfried: *Zeit und Zeitmessung*, Stuttgart, Klett (1982) ISBN 3-12-983960-7

Gendolla, Peter: *Zeit - Zur Geschichte der Zeiterfahrung*, Köln, Dumont ISBN 3-7701-2761-7

Gitt, Werner: *Das biblische Zeugnis der Schöpfung*, Neuhausen-Stuttgart, Hänssler (1995) ISBN 3-7751-0851-3

Griffiths, J. Gwyn: *The Origins of Osiris and his Cult*, Leiden, E.J. Brill (1980)

Gumpach, Johannes von: *Die Zeitrechnung der Babylonier und Assyrer*, Heidelberg, Akademischer Verlagshandlung von J. C. B. Mohr (1852)

Hamel, Jürgen: *Geschichte der Astronomie*, Basel, Birkenhäuder Verlag (1980) ISBN 3-7643-5787-8

Hamel, Jürgen: *Nicolaus Kopernicus*, Heidelberg, Spektrum akademischer Verlag (1994) ISBN 3-86205-307-7

Hartmann, Otto Ernst: *Der Römischer Kalender*, Leipzig, Druck und Verlag von B. G. Teubner (1882)

Herrmann, Joachim: *Große Lexikon der Astronomie*, München, Mosaik Verlag (1980) ISBN 3-570-00541-0

Hollon, Bill: *Introduction to Calendar*, http://ghs1.greenheart.com/billh

Illig, Heribert: *Wer hat an der Uhr gedreht?*, München, Econ & List (1990)

Issakowitsch, Semjon: *Wieviel Monde hat ein Jahr?*, Köln, Aulis-Verlag (1981)

Korean Overseas Information Service: *A Window in Korea* (CD-ROM), Seoul, Seoul Systems Co. (1994)

Krämer, Walter; Trenkler, Götz: *Lexikon der populären Irrtümer*, München, PiperVerlag (1998) ISBN 3-492-22446-6

Loske, Lothar M.: *Die Sonnenuhren*, Berlin, Springer-Verlag (1959)

Lücke, Manfred: *Wörterbuch der Symbolik* (4. Aufl.), Stuttgart, Kröner (1988)

Maier, Hans: *Die christliche Zeitrechnung*, Freiburg, Herder Spektrum (1991) ISBN 3-451-04018-2

Schalg, Hannes: *Ein Tag Zuviel*, Würzburg, Königshasen & Neuman (1998) ISBN 3-8260-1531-2

Sträuli, Robert: *Herkunft und Bedeutung unserer Wochentage*, Zürich (1991)

Strobach, Klaus: *Vom Urknall zur Erde*, Melsungen, Verlag J. Neumann-Neudamm (1983) ISBN 3-7888-0402-5

Widman, Carlos: *Zirkus der Übermenschen - Mussolini und die Nachahmer*, in 『Der Spiegel』 34 (1999) 144 ff

Winkler, Heinlich August: *Die Revolution als Gegenrevolution*, Von Marx zu Lenin oder Warum 1917 kein neues 1789 wurde, in 『FAZ』 (07. 11 1997) Seite 44

Zemanek, Heinz: *Kalender und Chronlogie*, München, Oldenbourg (1984) ISBN 3-486-23293-2

고종석, 고종석의 유럽통신, 서울, 문학동네 (1995) ISBN 89-85712-52-703810

교양국사연구회, 이야기 한국사, 서울, 청아출판사 (1992) ISBN 89-368-0051-5

국립민속박물관, 한국의 민속(CD-ROM), 서울, 서울시스템주식회사 (1995)

김희보, 뜻으로 새기는 세계사, 『한국기독공보』, 1998년~1999년

박권수, 칠정산의 편찬, 『대학신문』, 1997년 3월 10일

박성래, 이순지의 생애와 업적, 인터넷에서

박성래, 칠정산, http://www.lg.co.kr/h_lg/tosee/theme/199709/reports2.html

박성래, 한국인과 민족과학, 『한국경제』 1997년 5월 19일

박은봉, 한권으로 보는 세계사 100장면, 서울, 가람기획 (1992)

박은봉, 한권으로 보는 한국사 100장면, 서울, 가람기획 (1993)

박종권, 단기론 지금 몇 년인가, 『중앙일보』 1997년 1월 8일

성한용, 새천년 시작은 내년, 『한겨레신문』 1999년 8월 16일

세종대왕기념사업회(역), 조선왕조 실록(CD-ROM), 서울, 서울시스템주식회사 (1995)

신삼후, 수메르는 인류문명의 새벽,http://user.chollian.net/~dovish/sumer.htm

연합통신, 국내학자들이 발견한 초신성 국제공인 획득, 『중앙일보』 1999년 8월 20일

오철우, 음력의 과학을 아시나요, 『한겨레신문』 1999년 2월 8일

이정모, 프랑스 혁명이 탄생시킨 미터법, 『유럽한인크리스찬신문』 1998년 7월 11일

저자미상, 24절기와 민족문화, http://myhome.netsgo.com/bluered/24-1.htm

저자미상, *Azteccalendar*, http://www.azteccalendar.com

저자미상, *Datum des Ostfestes bald einheitlich?*, in 『FAZ』(09. 04. 1997) Seite N2

저자미상, *Establishing Ramadhan and their Islamic Dates*, http://kcm.co.kr/egypt/이슬람/라마단1.htm

저자미상, 마호메트를 중심으로 본 이슬람교의 성립 배경과 과정, http://www. dasom.com/religion

저자미상, 세종시대의 천문학, http://astro.snu.ac.kr/~sha/Sejong.htm

전용훈, 이문규, 이용복, 자연의 시간, 인간의 시간 – 달력의 과학, 『과학동아』 1998년 1월호 46 ff

정남기, 천상열차분야지도, 『한겨레신문』 1997년 11월 4일

코마스 벌핀치, 그리스와 로마의 신화, 이윤기 옮김, 서울, 대원사 (1996) ISBN 89-369-0505-803210

찾아보기